Agnieszka Kuriata

Zelladhäsion auf Kollagen IV mit variabler Kopplung zu Polymersubstraten

GRIN Verlag

Bibliografische Information der Deutschen Nationalbibliothek:

Die Deutsche Bibliothek verzeichnet diese Publikation in der Deutschen Nationalbibliografie; detaillierte bibliografische Daten sind im Internet über http://dnb.d-nb.de/ abrufbar.

Impressum:

Druck und Bindung: Books on Demand GmbH, Norderstedt Germany
ISBN: 978-3-640-21186-9

Dieses Buch bei GRIN:

http://www.grin.com/de/e-book/118425/zelladhaesion-auf-kollagen-iv-mit-variabler-kopplung-zu-polymersubstraten

Technische Universität Dresden
Fakultät Maschinenwesen
Fachrichtung Bioverfahrenstechnik

Politechnika Wroclawska
Wydzial Chemiczny
Kierunek: Procesy
Biotechnologiczne

Zelladhäsion auf Collagen IV mit variabler Kopplung zu Polymersubstraten

Zur Erlangung des akademischen Grades

Diplomingenieurin (Magister Inz.)

vorgelegte Masterarbeit

Eingerichtet von:

Agnieszka Kuriata

Firma:

Leibniz- Institut für
Polymerforschung e.V.
Hohe Straße 6 01069 Dresden
Deutschland

Inhaltsverzeichnis

Seite

Abkürzungen und Formelzeichen

Abkürzung	Beschreibung	Einheit
ALEXA	Fluoreszenzfarbstoff	
Ar	Argon	
BSA	bovine serum albumin, Rinderserumalbumin	
cLSM	Konfokales Laser Scanning Mikroskop	
Cy 5	Indodicarbocyanine	
Coll IV	Kollagen IV	
DG	Deckgläschen	
DMSO	Dimethylsulfoxid	
EC	Endothelzellen	
ECM	extrazelluläre Matrix	
EC-Medium	Endothelzellen- Medium	
EDTA	Ethylendiamintetraessigsäure bzw. Ethylendiamintetraacetat	
EtOH	Ethanol	
FCS	fetal calf serum, fetales Kälberserum	
FITC	Flurescein Isothiocyanat	
FN	Fibronektin	
H_2O_2	Wasserstoffperoxid	
HUVEC	human umbilical vein endothelial cells	
M	Molmasse	g/mol
MEK	Methylethylketon	
MSA	Maleinsäureanhydrid	
N_2	Stickstoff	
NaCl	Natriumchlorid	
NH_3-Lösung	Ammoniumhydroxid- Lösung	
O_2	Sauerstoff	
PBS	phosphate buffered saline, phosphatgepufferte Kochsalzlösung	
PE-MSA	Poly (ethylen-alt- maleinsäureanhydrid)	

PFA	Paraformaldehyd
PO-MSA	Poly (octadecen-alt- maleinsäureanhydrid)
PP-MSA	Poly (propylen-alt- maleinsäureanhydrid)
rpm	rotations per minute
TAMRA	5, 6- Carbohytetramethylrhodamine ester tetramethylrhodamine
THF	Tetrahydrofuran
TRITC	Tetramethylrhodamine

1 Einleitung und Zielsetzung

In der Medizin bildet das Tissue Engineering (Gewebezüchtung) zurzeit einen wichtigen Bereich. Ziel bei der Gewebezüchtung ist einem Patienten Zellen zu entnehmen, diese in vitro zu expandieren und sie schließlich wieder zu implantieren. Das Material, auf dem die Zellen wachsen sollten, muss solche Lebensverhältnisse für die Zellen wie in einem Gewebe erfühlen. In vitro werden die Zellen mit dreidimensionalen Trägersubstanz integriert und unter dem Einfluss von Wachstumsfaktoren kultiviert um die Forschung mit Biomaterialen durchzuführen. Die extrazelluläre Matrix liegt in einem Gewebe zwischen tierischen Zellen. Um ähnliche Bedingungen zu erzeugen, muss man die Substrate mit Matrixproteinen beschichten. Die gut analysierten Zell-Matrix-Substrat-Gebilde werden als Implantate anschließend in die zu ersetzenden Gewebsdefekte eingebracht. Die körperfremden Polymerwerkstoffe werden als Biomaterialen eingesetzt, um Körperfunktionen, Organe oder Gewebe schützen bzw. ersetzen zu können. So kann bei Endothelzellen, die Ausbildung vaskuläler Strukturen zur Bildung von Blutgefäßen angeregt werden, die die Funktionalität des Kollagens IV als Bestandteil der Basallamina auf Polymerschichten untersuchen.

In der Diplomarbeit soll untersucht werden, wie sich Endothelzellen durch eine Regulierung ihrer Adhäsion an künstlichen Oberflächen verhalten. Dazu wurden als Modelloberflächen verschiedene Polymerschichten hergestellt, welche die Ankopplung von Molekülen der extrazellulären Matrix, wie z.B. Kollagen IV, an das Substrat steuern und damit auch die Adhäsion der Endothelzellen regulieren. In der Experimenten wurde untersucht, wie sich die Morphologie von Einzelzellen und sowie die entsprechenden intrazellulären und extrazellulären Adhäsionsstrukturen der Zellen entwickeln. Durch die unterschiedlichen physikochemischen Eigenschaften des Polymersubstrate wurde die Bindungsstärke von Kollagen IV zum Substrat variiert. Insbesondere soll die Umordnung des angebotenen Kollagen IV sowie die in diesem Prozess involvierten Zelladhäsionsrezeptoren charakterisiert werden. Mittels Fluoreszenzmarkierung sollte sowohl das Aktin-Zytoskelett, verschiedene Integrine, die fokalen Adhäsionspunkte (mittels Vinculin) sowie das extrazelluläre Kollagen IV am konfokalen Laser Scanning Microscop sichtbar gemacht und ausgewertet werden.

Um die Ausbildung von kapillaren Netzwerken in einer künstlichen extrazellulären Matrix zu verbessern, soll die Adhäsion von Endothelzellen und die Reorganisation von vorbeschitetem Kollagen IV und diese in Abhängigkeit von lateralen Substratstrukturen untersucht werden.

II GRUNDLAGEN

Für ein besseres Verständnis werden in dieser Kapitel die allgemeinen Grundlagen erläutert, die für das Endothelzellwachstum auf biofunktionales MSA-Copolymeren und Bildung von vaskulären Strukturen durch diese Zellen wichtig sind. Somit wird an dieser Stelle das Zusammenspiel von dem Zytoskelett der Zelle, das über Integrine mit der extrazellulären Matrix verbunden ist, mit der Reorganisation des Matrixprotein Kollagen IV dargestellt.

2.1. Copolymeroberflächen

	OD-MSA	PP-MSA	PE-MSA
Dicke	3.5 nm	3.5 nm	4.5 nm
Anhydriddichte auf der Oberfläche	7×10^{13} cm^{-2}	4×10^{14} cm^{-2}	1.5×10^{15} cm^{-2}
Wasserkontaktwinkel, hydrolization (+/- 6°)	99°	39°	26°

Tab. 1: Eigenschaften der Copolymeroberflächen. (Pompe T. at el.2003)

Als Zellkulturträger wurden Deckgläschen mittels Dünnschichtpräparation mit verschiedenen Maleinsäureanhydrid- Copolymeren (MSA-Copolymere) beschichtet. Das ist eine Grundlage für die Versuche. In diesem Experiment wurden drei verschiedene Copolymerbeschichtungen auf Deckgläschen verwendet, die sich durch ihre Oberflächenenergie und Hydrophobizität unterscheiden.

Bei den Deckgläschen werden spezielle Reinigungs- und Modifizierungsprozesse durchgeführt um Aminogruppe zu erzeugen. Dann wird durch Spin-Coating von Polymerlösungen eine kovalente Anbindung der Copolymere an das Substrat gebildet. Durch Hydrolyse können die Anhydridgruppen in Säuregruppen geändert werden. Da Aminogruppen nicht mit Säurengruppen eine chemische Bindung eingehen können, wird somit eine kovalente Bindung des Proteins unterbunden **(Abb. 2)**. Bei den getemperten Proben bleiben Anhydridgruppen bestehen und eine kovalente Bindung zwischen den MSA-Copomylere (Polyoctadecen (OD)- MSA [PO-MSA], Polypropylen (PP)-MSA [PP-MSA] und Polyethylen (PE)-MSA [PE-MSA]) und Kollagen IV kann geformt werden **(Pompe T. et al 2003)**.

Bei der nicht-kovalenten Anbindung der Proteine auf den hydrolysierten Proben entstehen die unterschiedliche Bindungsstärken zwischen der MSA-Schicht und den Proteinen durch die unterschiedliche Hydrophobizität der Substrate.

Durch die Länge der unpolaren Kohlenwasserstoffkette der Comonomere wird der Hydrophobizität bestimmt. OD-MSA (Polysciences Inc., Warrington, PA, USA) ist viel hydrophober als PP-MSA (Leuna-Werke AG, Deutschland) und PE-MSA (Sigma Aldrich, Deisenhofen, Deutschland), die im Kontrast zu OD-MSA kürzere Kohlenwasserstoffkette besitzen. Die Bindungsstärke von immobilisierten Proteinen, wie z.B. Kollagen IV, wird durch die physikchemische Eigenschaften der Polymeroberflächen, wie zum Beispiel: Reaktivität und Hydrophobizität **(Tab.1)** bestimmt.

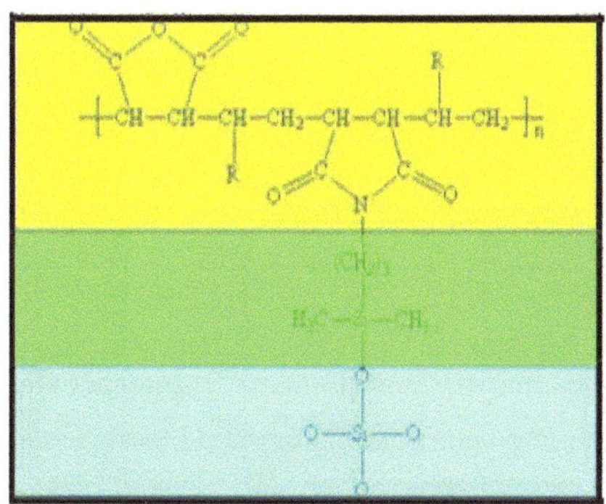

Abb. 1: Anbindung der MSA-Copolymere an die MSA-Deckgläschen (Blau: Glas, Grün: APTS, Gelb: MSA-Copolymere)

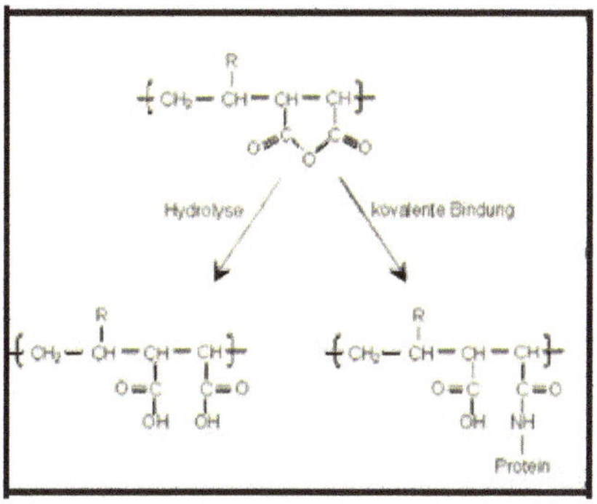

Abb. 2: Die Proteinanbindung an Copolymere: kovalent und hydrolysiert **(Markowski M. 2003)**

1. 2.

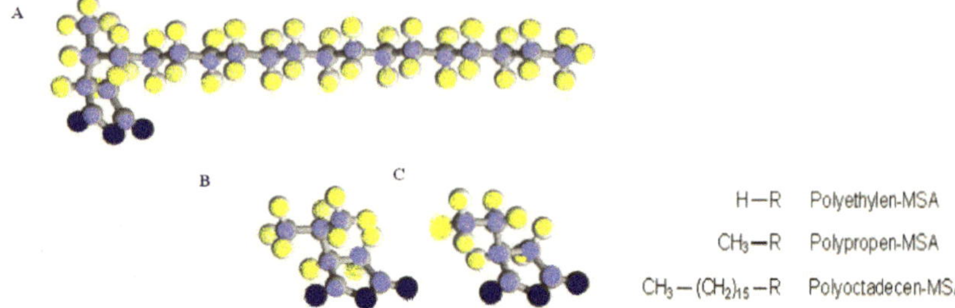

Abb. 3: **1)** Molekulare Struktur der wiederholenden Untereinheiten von verschiedene Maleinsäurenhydride Copolymeren. Blaue Sauerstoffgruppen ziehen die Anhydridgruppen. (A)OD-MSA (B)PP-MSA und (C)PE-MSA.
2) Chemische Struktur der MSA- Copolymere
(Pompe T. et al. 2003)

2.2. Proteinadsorption- Verdrängungsversuche

Das Thema Proteinadsorption ist sehr eng verbunden mit wissenschaftlichen Fragen über alle Hauptrichtungen von biofunktionalen Polymermaterialgruppen um biologische Flüssigkeiten wie: Blut, Plasma, Zellmedium. Sie werden oft im Zusammenhang mit künstlichen Oberfläche bzw. Proteinadsorption untersucht.

In ein paar Minuten bildet auf den meisten Oberflächen beim Kontakt mit einem Biofluid eine Proteinschicht, welche nachfolgende Zellprozesse und Proteinstrukturänderungen oder Enzymaktivaktion vermittelt und bestimmt. Verschiedene Art von Wechselwirkungen können Adsorptionsprozess verursachen: unter anderem elektrostatische und hydrophobe Wechselwirkungen zwischen Protein und Oberfläche, Protein-Protein-Interaktionen. Faktoren enthaltende: Ionen (bound ions), Oberflächeladung, Oberflächenrauheit, Oberflächenenergie, usw.; müssen alle in Betracht gezogen werden bei der Definition der Rolle der festen Lösung der Grenzfläche. In Proteinoberflächen sind Wechselwirkungen durch die physischen Eigenschaften des Materials und die umgebende Lösung bestimmt. Diese Wirkungen ändern sich je nach Oberflächen- und Proteineigenschaft und dem chemischen Umfeld. Protein-Oberflächenwechselwirkungen gehen meist mit einer mit Konformationsänderung der adsorbierten Proteine einher und bewirken Änderungen in der biologischen Aktivität und der nachfolgenden Zellwechselwirkungen.

Zwischen Oberflächen und Proteinen kann man zwei Hauptprozesse beobachten: Adsorption und Desorption. Die **Abbildung 4** zeigt die Prozesse während der Adsorption und Desorption von Proteinen an Grenzflächen. Die Teilprozesse des Transportes des Proteins zur Oberfläche wurden durch Diffusion und Konvektion dargestellt. Ein adsorbiertes Protein kann an der Oberfläche entweder, ohne seine native Struktur zu verändern, desorbieren oder durch Änderung der Konformation bzw. Orientierung seine Form umstrukturieren.

Desorption ist bedingt durch die Stärke der Bindung und der Zeit des Proteinkontakts an der Oberfläche. Bei längeren Zeiträumen und starker Wechselwirkung können stärkere und zahlreichere Bindungen eingegangen werden und damit eine Desorption erschweren.

Neben der reinen Desorption können Austauschprozesse für eine Abgabe der Proteine von der Oberfläche verantwortlich sein. Der Austausch eines bereits adsorbierten Proteins durch ein zweitens wird als sequentiellen Adsorption bzw. Verdrängung oder als ‚Vroman Effekt' bezeichnet. Dieser Effekt beschreibt die dynamische Veränderung einer physisorbierten Proteinschicht. **(Brash et al.1978)**

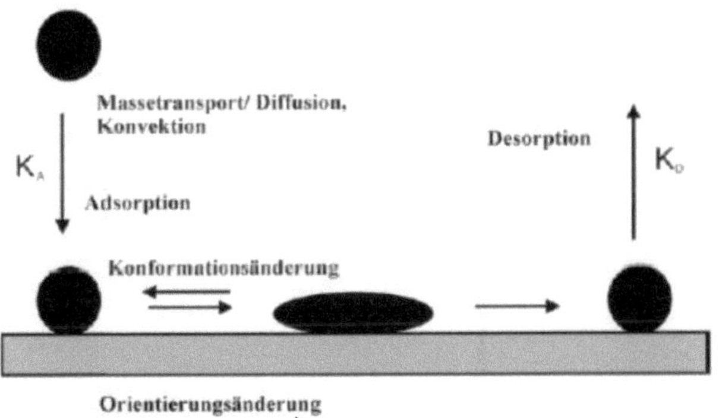

Abb. 4: Schematische Darstellung der Prozesse während der Proteinadsorption. **(Renner L. 2003)**

2.3. Extrazelluläre Matrix (ECM)

Die extrazelluläre Matrix muss bei der Gewebezüchtung bestimmte Eigenschaften haben, damit die Endothelzellen (EC) angesiedelt werden und gut wachsen können.

- ❖ Die ECM sollte vor allem keine toxischen Auswirkungen auf die Zellen haben.
- ❖ Zweitens soll die Matrix optimale Bedingungen für die Zellen zum Wachstum und zur Differenzierung möglich machen.
- ❖ Drittens sollte die Matrix ein mechanisch stabiles Gerüst darstellen, um den kultivierten Zellen eine natürliche, dreidimensionale Anordnung zu erlauben.

Es gibt kein Einheitsmaterial, welches für Entwicklung eines jeden Gewebes gleich gut geeignet wäre. Im Prinzip ist es so, dass für jedes Gewebe eine ganz individuelle Matrix/ Scaffold angewendet werden muss. **(Minuth W. W., 2002)**

Die extrazellulären Matrixkomponenten bilden ein Netzwerk, in dem die Zellen eines Gewebeverbands verankert sind. Die ECM besteht aus vier Hauptgruppen :

- ✓ Kollagen
- ✓ Elastin
- ✓ Proteoglycane
- ✓ Strukturglycoproteine

Der Hauptbestandteil der ECM ist Kollagen, das durch seine Struktur und hohe Zugfestigkeit vielen Geweben, wie z.B. Haut, Sehnen und Knorpel mechanische Stabilität verleiht.

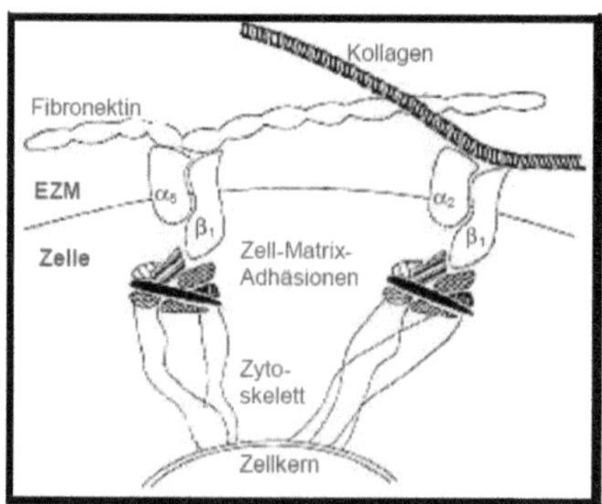

Abb. 5: Molekular Mechanismus Kontakt einer Zelle mit extrazellulärem Matrix: Über Zell-Matrix-Adhäsionen wird das Zytoskelett mit dem Adhäsionsproteine der ECM verknüpft. **(Kojetynsky 2001)**

Im Gegensatz zu den Glycoproteinen enthalten Kollagene besonders viel Kohlenhydrate- sie machen bis zu 90% ihrer Gesamtmasse aus, während der Proteinteil entsprechend gering ist. Die Kollagene lassen sich in mindestens 12 verschiedene Typen unterteilen. Type I- III gehören zu den fibrillen-assoziierten Kollagenen. Typ IV ist ein netzbildendes Kollagen.

Viele Zellen sind durch weitere Glycoproteine mit der ECM verknüpft. Diese binden sich an die Integrin-Rezeptormoleküle, die in die Plasmamembrane eingelagert sind. Die Integrine durchspannen die Plasmamembran und sind auf der Innenseite mit Mikrofilamenten des Zytoskeletts verknüpft. Die Integrine sind also ein strukturelles und funktionelles Bindeglied zwischen der extrazelluläre Matrix und dem Zytoskelett.

Elastine sind elastische Fasern, die der ECM ihre elastische Eigenschaft verleihen.

Proteoglycane (95%- Kohlenhydrate + 5% Proteine) bilden eine stark wasserhaltige, gellartige Substanz, die an der ECM als Permeabilitätsbarriere fungiert und den Transport von Ionen und Nährstoffen beeinflusst.

Die letzte Gruppe, die Glycoproteine vermitteln Bindungsstellen zwischen Zellen und ECM. Zu den wichtigsten Vertretern gehören: Fibronektin und Laminin. Fibronektin spielt eine große Rolle bei der Wundheilung, Blutgerinnung und Embryogenese. Diese Moleküle funktionieren auch als Gerüstproteine und Bindemittelsubstanzen. **(Alberts B. et al. 2003)**

2.3.1 Basal Membran

Die Basal Membran sind dünn und spezialisiert. Diese extrazelluläre Matrix umgibt die meisten Geweben in allen Metazoans. Sie bestehen aus mehreren Komponente, dazu gehören: Laminin, Typ IV Kollagen, Perlecan. Die sind entscheidend für Komplettierung der Embryogenese und sie sind unabdingbar für Gewebeorganisation und strukturelle Integrität.

KOLLAGEN IV

In dieser Arbeit wurde das sehr wichtige Protein Kollagen IV untersucht, um es als dünne Beschichtung auf der Oberfläche von Gewebekulturen nutzbar zu machen. Diese Proteine wurde 1966 durch Kefalides entdeckt. **(Stamow D. 2007)**

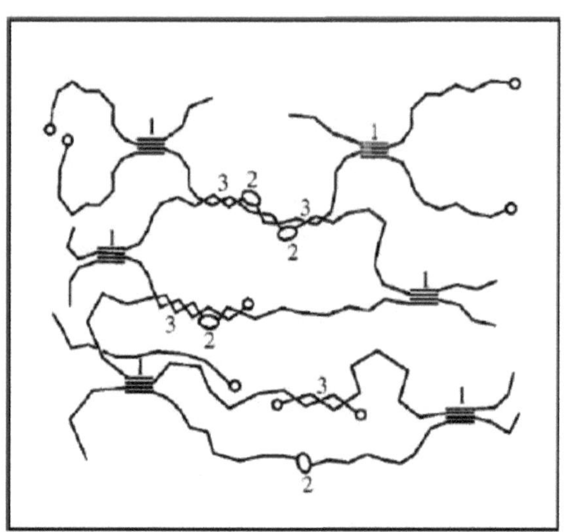

Abb. 6: Entstehung der Kollagen IV Netzwerke **(Timpl R. et al. 1996)**

Kollagen IV ist ein universaler Bestandteil der Basalmembran. Diese flächenförmige Matrix von Kollagen liegt an den Erythrocyten und Endothellzellen an. Die fasst Muskel- und Nervenzellen ein. Kollagen IV ist ein wichtiger Hauptbestandteil zusammen mit Proteoglycanen, Laminin und Enactine Kollagen IV Netzwerke. Es besteht aus drei Alpha Untereinheiten . Diese sind durch 6 verschiedene Gene kodiert, Alpha 1 durch Alpha 6. Alle drei können eine Triplehelix bilden und mit 2 andere Untereinheiten das Typ- Kollagen IV formen. Das Kollagen kann unlösliche Fasern mit hoher Bruchfestigkeit bauen. Kollagen IV hat kurze nicht helikale Aminoende Domäne, eine lange Gly-X-Y wiederholende Domäne mit vielen kleinen Absätze und am Carboxylende eine globuläre NC1 Domäne. **(Khoskhnoodl J 2004)**

2.4 Endothelzellen

Endothelzellen sind die Grundeinheit des Endotheliums, auch Plattenepithel genant, das alle Blutgefäße, wie Arterien, Venen und Kapillaren, auskleidet.

Endothelzellen besitzen meist eine kubische Form und sind ca. 10-30 µm groß. Sie bilden eine glatte Oberfläche, die den Austausch zwischen Blutfluss und Geweben erleichtert. **(Abb.6)** Es gibt viele verschiedene Funktionen, die von Endothelzellen erfüllt werden. Sie nehmen direkten Einfluss auf die Regulierung des sie umgebenden Bindegewebes. Endothelzellen produzieren selbst Wachstumsfaktoren und sondern diese ab. Über spezifische Rezeptoren binden die Wachstumsfaktoren an der Zellmembran. Dies aktiviert Proliferation, Migration und Bildung von Blutgefäßen und Kapillaren (Angiogenese). **(Stryer L. et al. 2003)**

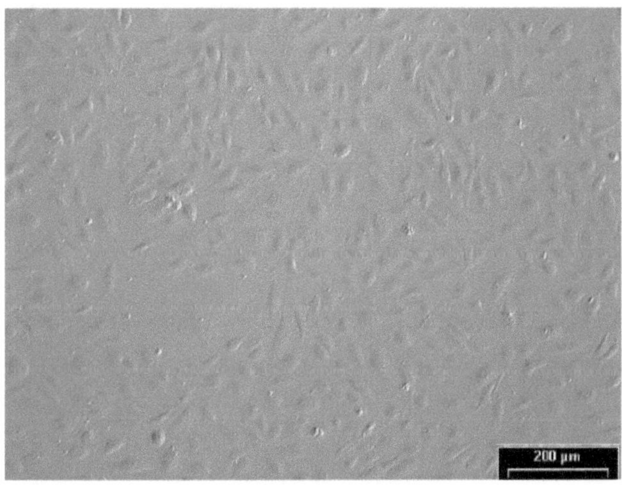

Abb. 7: Endothelzellen als Monolayer

2.5 Zell-Matrix Kontakte/Fokale und Fibrilläre Adhäsionen

Die Zelle besitzt Rezeptoren in der Zellmembran, die zwei Arten von Adhäsionskontakten formen können **(Kleinig H. at el. 1999)**:

- An extrazellulärem Material ⟹ Zell- Matrix- Adhäsion
- An Nachbarzellen ⟹ Zell- Zell- Adhäsion

Um eine Adhering junction zu formen, muss die Zelle erst anhaften. Das Zytoskelettsystem muss dann rund um Moleküle gesammelt sein, das sofort Adhäsion vermittelt. Das Ergebnis ist ein gut definierte Struktur- Desmosom, Hemidesmosom, fokale Adhäsion oder Adherente junctions, die sie sich leicht am Elektronenmikroskop identifizieren lassen. **(Geiger B. 2001)**
Für Zell-Zell, bzw. Zell-Matrix- Verbindungen gelten generell die folgende Grundlage: Interzelluläre Anheftungsproteine vermitteln die Bindung von Aktinfilamenten oder Intermediärefilamenten an den Transmembranproteinen und diese binden wiederum über extrazelluläre Domänen an den Proteinen der ECM. **(Alberts et al. 2003)** Die Transmembranproteine lassen sich in folgende Untergruppen einteilen: die wichtigste und große Gruppe der Integrine, die Cadherine und Dystroglykan Komplexe.
Adhäsionen mit der ECM formen sich bei allen Typen von adhärenten Zellen, aber ihr Morphologie und Größe können heterogen sein. Viele von diesen Adhäsionen teilen zwei gemeinsame Elemente: sie sind durch Integrine vermittelt und sie interagieren mit dem Aktin Zytoskelett an der Innenseite der Zelle. Die ECM-Liganden enthalten Fibronektin, Vitronektin und auch verschiedene Kollagene. Die am besten bekannten Adhäsionen sind: Fokale Adhäsion bzw. Fokale Kontakte (FA), Fibrilläre Adhäsion (FiA), Fokale Komplexe und Podosomen. In dieser Arbeit werden die ersten beiden Adhäsionen genauer beschrieben und mit Beispielen erklärt.
Fokale Kontakte bzw. Fokale Adhäsionen (FA) sind gestreckte Strukturen. Sie können mehrere Mikrometer groß sein und werden oft nahe an der Peripherie der Zelle gefunden. FA vermitteln starke Adhäsion zu dem Substrat und sie verbinden die ECM mit den Aktin-Mikrofilamenten durch einen Plaque, der aus vielen verschiedenen Proteinen besteht.
Mehr in der Mitte von vielen Zelltypen kann man fibrilläre Adhäsionen (FiA) finden, die entweder verlängert sind oder punktartige Strukturen bilden, die mit ECM-Fibrillen verknüpft sind. Eine typische Komponente dieser Adhäsion mit z.B. extrazellulären Fibronektin- Fibrillen ist der Rezeptor der $\alpha5\beta1$ Integrin.

Fokale Adhäsionen sind weiter verbreitet, bilden interzellulär an das Aktinzytoskelett und bilden verschiedene Kontakte mit der ECM. Sie sind vor allem bei migratorischen Prozessen von Bedeutung **(Geiger B. 2001)**

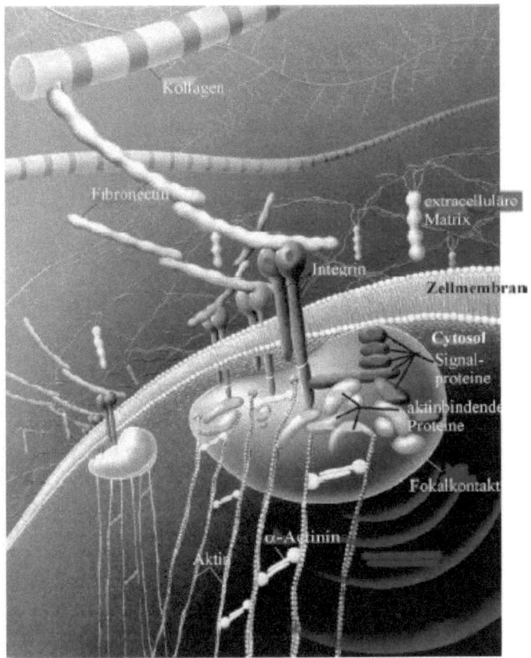

Abb. 8: Verbindungen der Integrine mit Bestandteile der extrazelluläre Matrix und des Zytoskeletts.

2.5.1 Integrin

Integrine sind wichtige Rezeptoren, die von Zellen genutzt werden, um an die extrazelluläre Matrix anzudocken und auf Signale von außen zu antworten. Sie lassen sich in eine Alpha – und Beta Untereinheit **(Kawakami K. 2001)**, mit mehreren Familien und Variationen, unterteilen **(Abb.7a)**. Die verschiedenartige Untereinheiten sorgen für die Spezifität der Bindung an extra- (alfa-Unterheiten) und interzelluläre (beta-Unterheiten) Liganden. Integrine binden an das Laminin der Basallamina, interagieren mit der Gruppe der Kollagene und dem

Peptid-Bindungsmotiv Arginin–Glycin-Asparaginsäure (RGD) aus Fibronektin und Vitronektin. Integrine selbst besitzen jedoch keine enzymatische Aktivität. Eine intrazelluläre Aktivierung, z. B. durch die Bindung von Talin und /oder extrazelluläre Ligandenbindung induziert die Bildung von ‚Clustern' und eine Konformationsänderung. Bei Integrinen handelt es sich um bidirektionale Transmembranproteine, die nicht nur den Einfluss der ECM auf die Zelle vermittelt, (‚outside -in -signalling '), sondern auch Signale von der Zelle auf die ECM übertragen (‚inside- in - signalling') **(Abb.7b)**. Beispielweise ist die Anwesenheit von intaktem α5β1 Integrin zur Bildung von Fibrillen aus FN und zum Aufbau der ECM nötig. **(DeMali K. 2003)**

a) **b)**

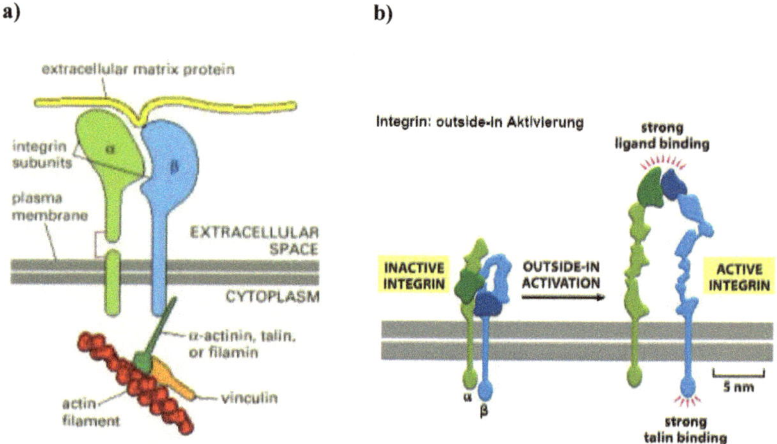

Abb 9: (a) Aufbau der Integrine **(b)** Aktivierung der Integrine

Durch die Aktivierung der Integrine bilden sich die eigentlichen Adhäsionsstrukturen, die Fokalen Adhäsionen, aus. Dabei handelt es sich um eine Struktur von über 50 Proteinen, die interzellulär die Anbindung der Integrine ans Aktinzytoskelett vermittelt und verschiedene Signalkaskaden aktiviert. FA sind in der Zellperipherie lokalisiert und häufig an FN-freie Bereiche binden. FA werden von αVβ3-Integrin gebildet und enthalten vor allem α-Actinin, Paxillin, Vinculin, Talin, und Zyxin und die FA-Kinase (FAK). **(Yamada und Geiger 1997)** FiA binden an FN- Fibrillen die im Unterschied zu FA von α5β1 Integrin gebildet werden und enthalten hauptsächlich Tensin. Bei migrierenden Zellen müssen die Adhäsionspunkte mit der Verbindung zur ECM Halt bieten, damit die Zelle sich bewegen kann. Dabei werden die Adhäsionspunkte vorne an der Front gebildet und die Zelle schiebt sich darüber hinweg, wobei die Adhäsion ortsfest in Relation zum Substrat bleibt. **(Juliano R.L. 2001)**

Integrin's Unterheiten und Kombination

	beta1	beta2	beta3	beta4	beta5	beta6	beta7	beta8
alpha1	Yes	-	-	-	-	-	-	-
alpha2	Yes	-	-	-	-	-	-	-
alpha3	Yes	-	-	-	-	-	-	-
alpha4	Yes	-	-	-	-	-	Yes	-
alpha5	Yes	-	-	-	-	-	-	-
alpha6	Yes	-	-	Yes	-	-	-	-
alpha7	Yes	-	-	-	-	-	-	-
alpha8	Yes	-	-	-	-	-	-	-
alpha9	Yes	-	-	-	-	-	-	-
alphaD	-	Yes	-	-	-	-	-	-
alphaL	-	Yes	-	-	-	-	-	-
alphaM	-	Yes	-	-	-	-	-	-
alphaV	Yes	-	Yes	-	Yes	Yes	-	Yes
alphaX	-	Yes	-	-	-	-	-	-
alphaIIb	-	-	Yes	-	-	-	-	-
alphaIELb	-	-	-	-	-	-	Yes	-

Tab. 2: Die Tabelle zeigt alle bekannte Kombinationen der Integrin's Unterheiten.
Eng.,Yes'- ja; bedeutet, dass Alpha und Beta Domänen gefunden wurden. **(Koster J. 1997)**

2.6 Rezeptoren

In vivo wie auch in vitro bilden adhärente Zellen unter Zellkulturbindungen Adhäsionskontakte mit dem Matrix aus. Der mechanische Kontakt der Zelle mit der ECM, so dass sie Signale empfangen und senden kann, und die Fähigkeit der Signaltransduktion erlaubt es der Zelle, sich an äußere Einflüsse anzupassen. Das geschieht dadurch dass Aktinfasen einrichten werden. Diese Stressfasern binden über eine Vielzahl von aktinbindenden Proteinen an Transmembranproteinen, die weitere Verbindungen mit Matrixproteinen eingehen.

Rezeptoren ermöglichen nicht nur die Verankerung der Zelle mit dem Substrat, sondern auch durch die Vermittlung über Signaltransduktionskaskaden ein Informationsweitergabe von außerhalb der Zelle ins Innere. Die Rolle der fokalen Adhäsionen hierbei ist, Informationssignale weiterzugeben, damit diese konzentriert und in den Zellkern geleitet werden. Dadurch kann die Zelle auf diese Signale ihrer Umwelt mit Wachstum, Aktivität und Differenzierung antworten.

2.6.1 Zytoskelett

Das Zytoskelett ist aus Filamenten aufgebaut, die in der Zellmembran verankert sind. Die Filamente bestehen aus: Mikrofilmenten (Aktinfilamente), Miktotubuli und Intermediärfilmenten. Die Aktinfilamente erfüllen wichtige Funktionen für Zellmobilität, Zellteilung und Zellstabilität. Zusammen bilden diese Strukturen ein Gerüst für Endothelzellen. Diese dynamische Konstruktion ermöglicht Zellen Vesikeltransport und Wanderung.

Mikrotubuli sind zylindrische Strukturen die aus zwei Untereinheiten α und β– Tubulin bestehen , die jeweils 50 kd haben. Diese Teilen von Filamente sind polarisiert (ein plus- und ein minus-Ende) und ihr Durchmesser variiert zwischen 15 und 25 nm. Diese lange und geradlinige Untereinheiten sind mit dem Ende am Zentrosom (zwei, angeordnete, zylinderförmige Strukturen- Zentriolen) angeheftet. **(Alberts et al. 2003)**

An den Mikrotubuli entlang werden Vesikel und Granulae durch die Zellen transportiert, mit dem Hilfe der Motorproteine: Dynein und Kinesin.

Aktine bauen Mikrofilamente, die von 7 nm als Durchmesser haben. Die sind auch kleine dynamische Strukturen, die sich auflösen und bilden können. Unter den Zellmembran bilden sie eine Art Geflecht und sind verantwortlich für die Bewegung der Zelloberfläche. In Gewebekulturzellen kann man Stressfasern aus Aktin beobachten, die für die Ausbreitung der Zellen auf der Oberfläche verantwortlich sind. Die Bündelungsproteine koppeln die Aktinfasern in einer parallelen Anordnung **(Abb.9)**. Das α-Aktinin befindet sich vor allem in den Stressfasern und es trägt dazu bei, die Stressfasern an den Fokalkontakten zu befestigen. Die Stressfasern setzen an den Fokalkontakten an, wo sie indirekt mit der extrazellulären Matrix verbunden sind.

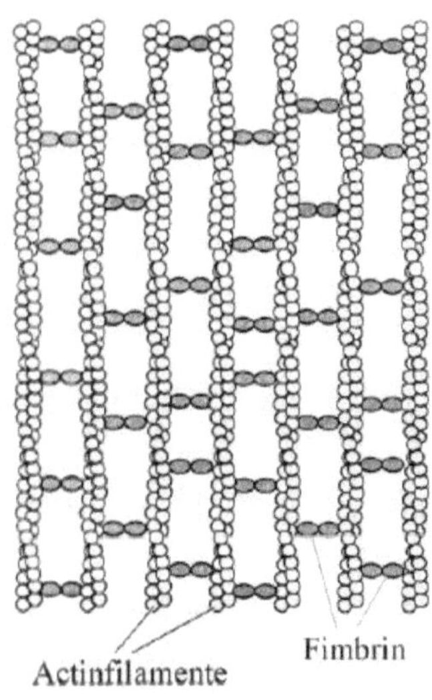

Abb. 10: Die Struktur von Aktinbündel

Intermediärfilamente leisten die Stützrolle und sind verantwortlich für die mechanische Stabilisierung der Zellen und ihre äußere Form. Lange, faserförmige Monomere formen diese intermediäre Filamente, die verschiedene Typen bestehen, wie z.B.: Epithelzelle haben Filamente aus Keratin und Endothelzelle aus Vimentin.

2.6.2 Vinculin

Vinculin ist eine Proteine in fokaler Adhäsion, die mit dem Aktin des Zytoskeletts verbunden ist. Diese Zytoskelett- Proteine führen zur Zell- Zell und Zell-Matrix Bindungen durch, die Bindung von F-Aktin an der Membrane. Vinkulin besteht aus einer globulären Kopfdomäne, welche Bindungseiten für Talin und α- Aktinin enthält, die restlichen Regionen enthalten Bindungenseiten für F-Aktin, Paxilin und Lipide.

Diese Proteine ist ein Schlüsselregulator der FA **(Zamir and Geiger 2001)**. Um die FA zu formen, muss sich Vinculin in aktiver, offener Konformation befinden. Das Protein braucht Kontakt mit Talin, um FA zu formen. Die aktive Form zwischen diesen Proteinen hat einen

Effekt auf Integrine, es sammelt sich in einer aktiven Form und führt zu einer Vergrößerung der FA.

Bei der Aktivierung des Vinculin in aktive Form oder Ausstellungenindenseiten in N-Terminaldomäne, ändert Vinculin seine Affinität zum Bindungspartner, was zu einer höheren Stabilität des Vinculins in den FA's führt.

Vinculin setzt sich aus folgenden Bestandteilen zusammen: Kopf- und Restregion sind zwei ausgeprägte, funktionale Domänen: Die Kopfregion bindet an Talin und ist in das Wachstum der Zell-Matrix Adhäsionen involviert, und ist an Clustering, die aus aktiven Integrine gebildet werden, angegliedert. Die Restregion bindet an Aktin und verbindet sich mit der mechanotranszierenden Kraft Maschinerie der Zelle.

Vinculin-Armut in Zelle führt zu dramatischen Änderungen in der Zelladhäsionmotilität und FA **(Laukaitis C., 2001)**

Die Interaktion den N-terminalen Kopfes von Vinculin mit Talin lenkt das Zusammenlagern der Integrine in Zell-Matrix-Adhäsionen, möglicherweise dadurch, dass er die Integrine in einer aktiven Form hält.

Die Vinculin-Talin-Interaktion führt zu einer hoch wirksamen Anlagerung von Paxillin, unabhängig von der Paxillin-Bindungsseiten, die in der Schwanzregion des Vinculins lokalisiert ist. Die Interaktion des Schwanzes mit Aktin, ist die Hauptverknüpfung des FA-Kernes mit dem Aktinzytoskelett.

3. Methoden und Material

3.1 Präparation der Zellkulturträger

REINIGUNG

Bevor die Deckgläschen für die Versuche mit verschiedenen (MSA)- Copolymeren beschichten werden können, muss man eine gründlichen Reinigung durchführen. Dabei werden die Wafer für jeweils 30 Minuten mit Reinstwasser und mit absolutem Ethanol (Alkoholhandelskontor GmbH, Berlin, Deutschland) im Ultraschallbad behandelt. Als nächster Schritt erfolgt die Inkubation für 10 Minuten in einer Mischung aus 20% Wasserstoffperoxid (Merck), 20% Ammoniak (Acros Organics) und 60% Reinstwasser (Mili Q Wasser), die auf 70°C erhitzt wird. Jetzt ist die Oberfläche nach dieser Reinigung sauber. Um die MSA-Copolymere kovalent zu binden, wird Aminopropyltriethoxysilan (APTS) (ABCR GmbH & Co. KG Deutschland) von Sigma auf die Oberfläche gegeben **(Tab. 3)**.

Polymer	**Polymergröße (g/mol)**	**Konzentration (%)**	**Lösungsmittel**	**Spin-Coating Paramether**
PP-MSA	39 000	0,2	MEK (Methylethylketon)	4000 rpm
OD-MSA	50 000	0,16	THF (Tetrahydrofuran)	1500rpm/s 30 s
PE-MSA	125 000	0,3	THF: Aceton (2:1)	

Tab. 3: Eigenschaften der Copolymeroberflächen.

AMINOSALINISIERUNG

Dabei werden die Zellkulturträger in einer Mischung aus Isopropanol, Milli Q Wasser und Aminopropyltriethoxysilan für 2 Stunden inkubiert. Nach dieser Zeit werden die Proben noch mit Isopropanol gespült und mit Stickstoff getrocknet. Die Proben werden für 1h bei 120°C im Trockenschrank getempert.

COPOLYMERLÖSUNGEN

Die Copolymerlösungen werden in definierten Konzentrationen hergestellt: 0,2% PP-MSA (Leuna- Werke AG, Deutschland, M=39000 g/mol) in MEK (Methylethylketon, Fluka, Deutschland), 0,16% OD-MSA (Polysciences, Inc., Warrington, USA M= 50000 g/mol) in THF (Tetrahydrofuran, Fluka) und 0,3% PE-MSA (Sigma-Aldrich Laborchemikalien GmbH, München, Deutschland, M= 125000 g/mol) in THF und Aceton (Merck KGaA) im Verhältnis 2:1. Die Lösungen werden noch mit dem Spritzenfilter filtriert. Diese können bis zu zwei Wochen im Dunkeln gelagert werden.

SPINCOATING

Nach der Herstellung der Polymerlösungen werden diese mittels Spin-Coating als homogene Schicht auf dem Wafer verteilt. Ein Tropfen der Lösung wird unter den folgenden Parametern auf den Träger aufgebracht: Rotation= 4000 rpm und 1500rpm/s für 30 Sekunden. Die Lösung wird zentrifugiert und ein Dünnfilm entsteht. Die Proben werden nach dem Spin-Coating für 2 h bei 120°C getempert um kovalente Bindungen zu erzeugen und Anhydridgruppen zu rekonstruieren. Nach diesem Schritt wurden die Proben nochmals mit den Lösungen gespült. Zunächst werden die DG 2 h vor dem Experiment bei 120° C getempert und anschließend 24 h in Milli-Q Wasser gelassen.

3.2 Zellkultur

Für diese Versuche werden aus der Nabelschnurvene gewonnene Endothelzellen (HUVEC /Human Umbilical Vein Endothelial Cells) verwendet, die in Fibronektin beschichtete Zellkulturflaschen ausgesät werden, in denen sie sehr schnell adhärieren und einen konfluenten Monolayer bilden.

Bis zur Präparation wird die Nabelschnur gekühlt und in einem Puffer/Antibiotika/Gemisch gelagert, um mögliche Kontaminationen zu verhindern. Zunächst wird sie mit PBS gespült und anschließend durch einen Celluloseacetat/Sterilfilter, der mit Collagenase gefüllt ist, gedrückt. Es wird bei 37° C für ca. 25 Minuten inkubiert. Nach der Zeit wird das Enzym mit Endothelzell/Medium mit 10% fetalem Kalberserum (FCS) gestoppt und die Lösung 10 Minuten bei 1500 U/min zentrifugiert. Im nächsten Schritt werden die Zellen in warmen EC-Medium resuspendiert. Die Inkubation erfolgt bei 5% Kohlendioxid und bei 37° C im Brutschrank. Die Zellen wachsen als konfluenter Monolayer, bei dem alle 2-3 Tage Medium gewechselt werden soll.

EC werden passagiert, wenn sie konfluent bewachsen sind, d.h. Die Zellen dicht und regelmäßig Flaschenboden bedecken.

Das verbrauchte Medium wurde aus der Flasche entfernt und zweimal mit PBS-Lösung gespült. Zunächst wurden 2 ml Trypsin- EDTA (Sigma) zugegeben und 2-3 Minuten im Brutschrank inkubiert. Das ist ein Enzym, welches die extrazelluläre Matrix der Zellen zerstört und zu einem Ablösen der Zellen von der Zellkulturflasche führt. Etwa 90% der Zellen schwimmen in der Trypsin-EDTA Lösung. Jetzt werden 5 ml PBS/ 10% Serumzusatz (FCS) in die Flasche gegeben, um die Reaktivität des Enzyms zu stoppen. Die trypsinierten Zellen werden währenddessen mit Hilfe des Zellzahlgerätes (Casy\R\1, Scharfe System GmbH, Reutlingen, Deutschland) gezählt.

Dann werden die Zellen von der Flüssigkeit durch Zentrifugieren mit den Parametern: 5 min, 1500 U/min getrennt. Die überschüssige Lösung wird abgekippt und das Zellpellet am Grund des Zentrifugenröhrchens wird mit frischem EC-Medium resuspendiert. Anschließend werden die Zellen in neue mit Fibronektin beschichtete Kulturflaschen verteilt und wieder bei 37° C und 5% Kohlendioxid bis zur Konfluenz inkubiert.

3.3 Zellversuche

Die Zellversuche wurden in 12- well- Zellkulturtestplatten (TPP, Schweiz) durchgeführt. Die Deckgläschen wurden mit Kollagen IV oder mit TAMRA gelabeltem Kollagen IV beschichteten. Dazu wurde Kollagen IV oder TAMRA-Collagen IV mit PBS auf die gewünschte Konzentration verdünnt. In diesen Experimenten wird eine Konzentration von 50µg/ml verwendet. In jedes Well wurden 600 µl der Kollagen IV- Lösung pipettiert . Nach 1h, 37°C bei Dunkelheit wurden die Proben zweimal mit PBS gespült. Zunächst wurden 450 µl vorgewärmtes EC-Medium für 10 min daraufgegeben und anschließend werden die Zellen auf die Proben überführt. Die für das Experiment benötigten Zellen werden durch Trypsinierung aus einer konfluent bewachsenen Zellkulturflasche entnommen. Auf jeden Wafer wird eine Zellzahl von 6x10^4 gegeben **(Abb.11)** Die Proben wurden für 1h im Brutschrank inkubiert.

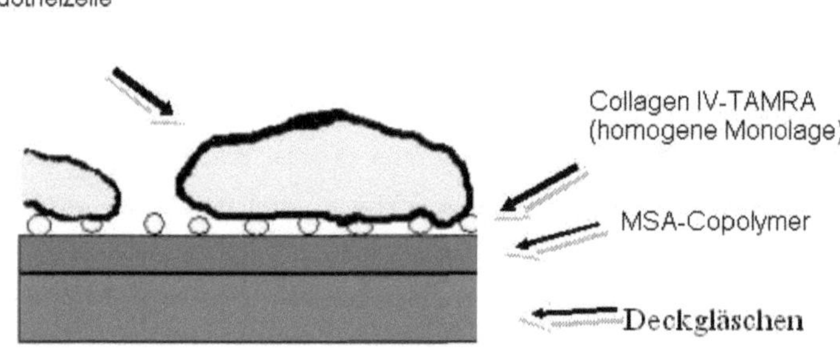

Abb.11: Schema der EC Kultivierung auf MSA-Copolymer

3.4 Fluoreszenzfärbung

Die nächsten Arbeitsschnitte müssen nicht mehr unter sterilen Bedingungen erfolgen, da nun die Zellkultur beenden ist.

Das Medium wurde abgezogen und die Proben mit PBS zweimal gespült. Zunächst wurde eine Fixierung durchgeführt, d.h. um alle Proteinstrukturen zu vernetzen (ihrem Zustand 'einzufrieren' und in Wasser unlöslich und unbeweglich zu machen), wurden die Zellen 10 min mit 4% Paraformaldehyd (FLUKA) im Dunkeln inkubiert. Dann wurden sie wieder mit PBS gespült und der Überstand wurde in eine spezielle Entsorgungsflasche abpipettiert, da das PFA unverdünnt giftig ist.

Die Proben wurden mit 0,5% Triton-X in PBS (Fluka AB, Buchs, Schweiz) 10 min permeabilisiert, was die Zellmembran durchlässig macht, indem es Phospholipide herauslöst. Danach werden die Proben wieder zweimal mit PBS gespült.

Durch diesen Schritt können Antikörper die Immunofluoroszenzfärbung in die Zelle eingeführt und spezifische Zellbestandteile angefärbt werden.

Bei den 60 Minuten Zellproben wird TAMRA-labeltes Kollagen IV vorgelegt aus diesem Grund muss nicht mehr gefärbt werden. Bei den anderen Proteinen werden durch den primären Antikörper und durch den sekundären Antikörper die Adhäsionspunkte sichtbar gemacht. **(Tab.4)** Das Zytoskelett wird mittels Phalloidin–FITC (SIGMA) angefärbt, welches mit einem Verdünnung 1:100 für 60 Minuten auf die Proben aufgebracht wird. Diese Antikörper ist sehr giftig beim Einatmen, Verschlucken und Berührung mit Haut, deswegen der Arbeitschutzvorschrift für Arbeiten sehr streng beachtende sind. Dadurch kann unter einem Fluoreszenzmikroskop das Zytoskelett beobachten werden.

Des Weiteren wird Antikörper gegen Integrin α2 oder α5, dass aus der Maus (mouse) gewonnen wird,1:100 mit PBS verdünnt. In dieser Konzentration wird es auf die Proben gegeben und diese für 45 Minuten inkubiert. Dieser Antikörper lagert sich an das Integrin....Ein zweiter Antikörper -sekundäre Anti Mouse- mit einer Verdünnung von 1:200 wird für 30 Minuten auf die Proben gegeben.

Nach Abschluss der Färbung werden die Zellkulturträger mit einem Mounting Medium (Mowiol, Calbiochem, Bioscence Inc., La Jolla, Canada) beträufelt und mit der Zellen bewachsenen Seite nach unten auf die Objektträger gelegt.

Dank dem konfokalen Laser Scanning Mikroskop (LSM) (Leica) kann man die Auswertungen bei den entsprechenden Wellenlänge für die unterschiedlichen Farbstoffen messen. Die Parameter für das Aufnehmen sind: Auflösung: 524 x 524 Pixel

Das Pinhole bzw. die Lochblende beträgt 1, d.h. dass nur eine Ebene der Probe analysiert wird. Das verbessert die Auflösung des Mikroskops. Beim Aufnehmen werden normalerweise Zoomeinstellungen von 1 bis 4 und einen 40er Objektiv benutzt. Um Bilder in besserer Qualität zu erhalten, wird ein so genanntes Average Bild aufgenommen. Hierzu werden 3 oder 4 Bilder aufgenommen und dann der Mittelwert gebildet.

Farbstoff	Absorption (nm)	Emission (nm)	Laser	Wellenlänge (nm)
TAMRA	555	580	HeNe-HeliumNeon	543
ALEXA 488	495	519	Argon	488
CY5	650	670	HeNe	633
TRITC	541	572	HeNe	543
FITC	490	520	Argon	488

Tab. 4: Verwendete Farbstoffe und deren optimalen Wellenlänge

3.4.1 Labeln von Kollagen IV mit TAMRA

Fluoreszenzkennzeichnung ist ein Prozess der kovalenten Bindungen von Fluorophor mit anderen Molekülen wie Proteine oder Nukleinsäuren. Fluorophor ist ein Molekülteil, das für die Fluoreszenz verantwortlich ist. Das wird erreicht, indem ein reaktives Derivat des Fluorophor benutzt wird, das mit der funktionalen Gruppe am Zielmolekül bindet. Die am häufigsten gekennzeichneten Moleküle sind Antikörper, die dann wie spezifische Proben für die Erkennung eines besonderes Ziels benutzen werden.

In diesen Experimenten wurde die Möglichkeit des Labelns mit TAMRA- Kollagen IV genutzt **(Abb.12)**. Kollagen IV kann gelabelt werden, um es mit einem Fluoreszenzfarbstoff zu versehen. Für diese Tätigkeit wurde das Fluoreporter® Tetramethylrhodamine Protein Labeling Kit (F-6163) der Firma Molecular Probes verwendet. Nach Reaktion der primären aliphatischen Amine (wie z.B. aminoterminale Gruppen oder die Seitenketten von Aminosäuren), ist der Farbstoff kovalent an das Peptid gebunden. Zunächst wurde der Farbstoff (TAMRA) in DMSO (Dimethylsulfoxid, Fluka) in einem Eppendorf-Cap gelöst (10 µl DMSO /0,1 mg TAMRA) und in Alufolie lichtgeschützt verpackt.Dann wurde 1ml 1 M $NaHCO_3$ (Riedel- de Haen-Laborchemikalien GmbH & Co. KG, Seelze, Deutschland) hergestellt und Kollagen IV mit einer Endkonzentration – 1mg/ml abgefüllt. Die Mixtur, 7 µl des Farbstoffs, 135 µl 1M $NaHCO_3$ und 1350 µl Kollagen IV Lösung , wurde gemischt und für 1 h ohne Licht langsam geschüttelt, um die zerbrechlichen Kollagen IV Struktur zu erhalten. In dieser Zeit wurde die NAP-5 Säule mit 10 ml PBS äquilibiert, und dann zuletzt 2 ml der TAMRA- Kollagen IV –Lösung zugegeben. In der Gelfiltrationssäule wird der ungebundene Farbstoff entfernt und verbleibt in der Säule. Das mit TAMRA gesättigte Kollagen IV wurde in Fraktionen aufgefangen und die Proteinkonzentration und der Labelgrad (LG) mit Hilfe eines Photometers gemessen. Es wurde eine 3-fach- Bestimmung in 70µl Einwegküvetten bei einer Wellenlänge von 280 nm (Messung der Proteine) zu 555 nm (Messung den Farbstoff) durchgeführt und der Mittelwert verwendet. Die Molare Masse von Kollagen IV beträgt 440000 und Extinktionskoeffizient Kollagen IV 200000

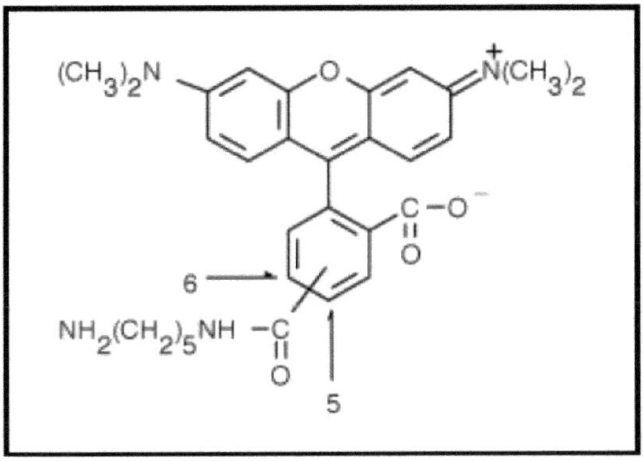

Abb. 12: 5, 6- Carbohytetramethylrhodamine succininimidyl ester (TAMRA) von der Firma Molecular Probes

3.5 Mikroskopie

Die Fluoreszenz ist eines der wichtigsten Kontrastierungsverfahren in der biologische Mikroskopie. Mit Hilfe von fluoreszierenden Farbstoffen (Fluorochrome) können zelluläre Strukturen auf verschiedene Art und Weise spezifisch markiert und über detektiert werden. Mit Licht winwer ganz bestimmten Wellenlänge erfolgt die Anregung der Fluorochrome, so dass oft eine Absorption der Strahlung eintritt.

Das Konfokalmikroskop wurde in Jahr 1955 von Marwin Minsky entwickelt das auf dem Prinzip der Fluoreszenzmikroskop basiert. Das originale Mikroskop hat kein Laserlicht benutzt und hatte keine Bilder aufgenommen.

- Konfokal: hat das gleiche foci (Fokusebene)
- Photomultipler: Elektronröhre nutzt man um schwache Lichtsignale zu detektieren, die breite Frequenz und Intensitätsebene.
- Der Laserstrahl ist auf einen kleinen Punkt fluoreszenter Probe fokussiert.

Das cLSM nutz als Lichtquelle einen Laser, der sich aufgrund des linienförmigen Spektrums zur besseren Herausfilterung einer spezifischen Wellenlänge eignet, sowie die Probe punktuell beleuchtet. So werden die dreidimensionale Rekonstruktionen gefärbter Strukturen hergestellt **(Abb.13)**.

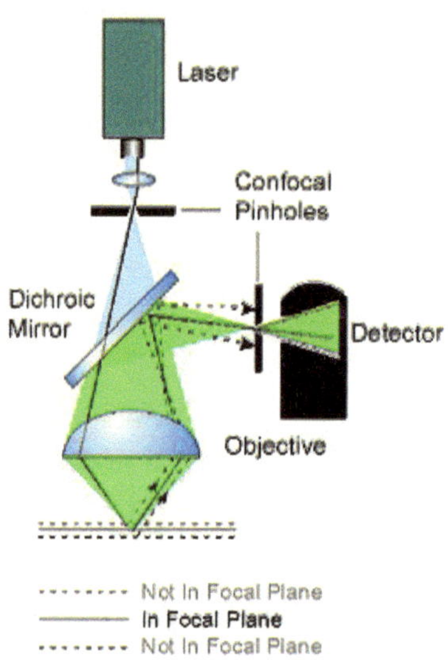

Abb. 13: Funktionsweise eines Fluoreszenzmikroskops

3.6 Proteinverdrängung

Die Stärke der Proteinadsorption wird mit der Methode der Verdrängung von TRITC markierten TAMRA-Kollagen IV am konfokalen Laser Scanning Mikroskope durchgeführt. Die Polymerschichten (getempert und hydrolysiert) wurden mit gelabeltem TAMRA-Kollagen IV für 1h inkubiert. Nach dieser Zeit wurden die Proben mit PBS gespült und die Adsorption am LSM gemessen.

Anschließend wurden die gemessenen Proben 1% BSA in PBS gelöst und für 24 h inkubiert. Im nächsten Schritt wurde geprüft, ob die Konkurrenzproteine des BSA Änderungen der Proteinkonzentration verursachen.

4. Ergebnisse und Diskussion

Am Anfang soll noch mal der Fokus dieser Diplomarbeit erklärt werden.
In jedem Labor werden die Zellen gleich nach der Isolation erst in ein Zellkulturgefäß überführt und in diesem kultiviert bevor sie für weitere Experimente und medizinische Einsätze angewendet werden.
In der Diplomarbeit wurde untersucht, wie sich Endothelzellen durch eine Regulierung ihrer Adhäsion an künstlichen Oberflächen verhalten. Dazu wurden als Modelloberflächen verschiedene Polymerschichten hergestellt. Es wurde untersucht, wie sich die Morphologie von Einzelzellen sowie die entsprechenden intrazellulären und extrazellulären Adhäsionsstrukturen der Zellen entwickeln. Durch die unterschiedlichen physikchemischen Eigenschaften der Polymersubstrate wurde die Bindungsstärke von Kollagen IV zum Substrat variiert.
Mittels Fluoreszenzmarkierung wurde sowohl das Aktin-Zytoskelett, Fibronektin, verschiedene Integrine, die fokalen Adhäsionspunkte (mittels Vinculin) sowie das extrazelluläre Kollagen IV am konfokalen Laser Scanning Microscop sichtbar gemacht und ausgewertet.

4.1 Adsorption/Desorption und Austauschprozesse von Kollagen IV

Ausgehend von Proteinadsorption wurden Untersuche mit der Methode der Konfokalen Laser Scanning Mikroskopie Studien zur Bestimmung der Verdrängung von TRITC markierten Kollagen IV durchgeführt. Dazu wurden die Polymerschichten mit den fluoreszenzfarbstoffmarkierten Proteinen 1 Stunde inkubiert. Dieser Zeitraum sollte ausreichen, um eine Monolage Protein zu adsorbieren.
Um die Zweifel über die beobachteten Ergebnisse hinsichtlich der Stabilität des Farbstoffes zu beseitigen, wurden Experimente an getemperten Copolymeroberflächen mit gelabeltem Protein durchgeführt. Damit sollte geklärt werden, ob der Farbstoff am Protein kovalent

gebunden bleibt. Adsorption an getemperten Oberflächen bedeutet, dass die Anhydridgruppen auf der Oberfläche aktiviert werden und eine kovalente Bindung des Proteins ermöglicht wird.

Die Proteinkonzentration wurde von allen drei MSA-Copolymeren-Oberflächen (getempert und hydrolysiert) gemessen, welche 1 Stunde im Zellkulturmedium inkubiert waren.

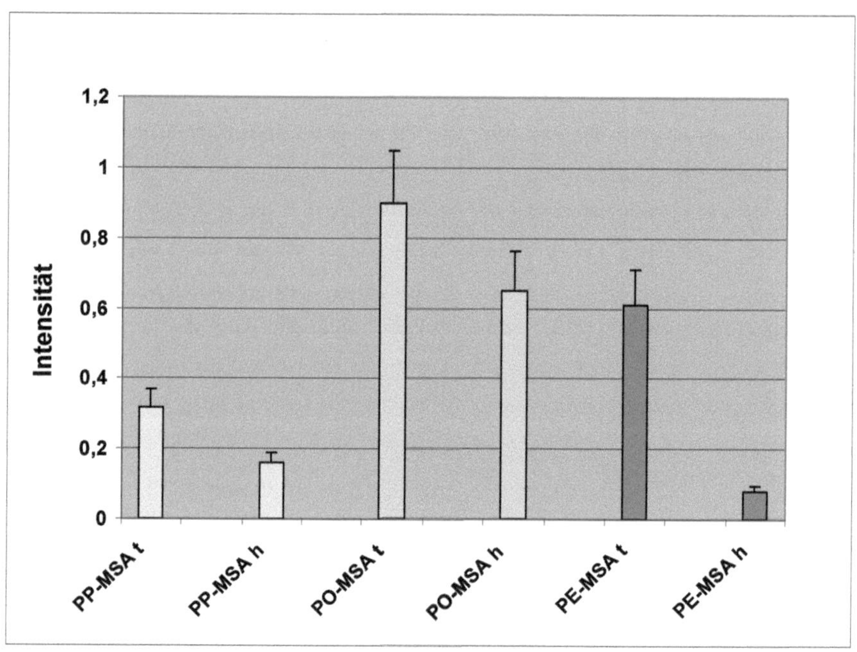

Abb. 14: Fluoreszenzintensität von TAMRA-Kollagen IV mit Konzentration 50 μg/ml auf allen Polymeroberflächen.

Die **Abbildung 14** stellt den Vergleich der Adsorption des Proteins zwischen getemperten und hydrolysierten Copolymeren dar. Man kann deutlich feststellen, dass auf hydrophoben OD-MSA Polymeren die Intensität am höchsten ist. Die Verdrängung der Proteine war bei PE-MSA mit ungefähr 87% am höchsten, gefolgt von PP-MSA mit 50% und bei OD-MSA mit 28% am geringsten.

Diese Polymere können wegen ihre Hydrophobizität stärker Proteine binden. Diese Resultate entsprechen unseren Vermutungen. Geringere Adsorptionsraten werden auf PE-MSA und PP-MSA beobachtet, die hydrophile Oberflächen haben.

Es wird ebenfalls deutlich, dass bei allen getemperten Proben die Intensität des Proteins höher als beim hydrolysierten Oberflächen ist. Bei den getemperten Proben bleiben

Anhydridgruppen bestehen und es wird eine starke kovalente Bindung zwischen den MSA-Copomyleren und Kollagen IV geformt. Hingegen ist Kollagen bei den hydrolysierten Proben physisorptiv gebunden und kann deshalb durch andere Proteine verdrängt werden.
Da auf PE-MSA mehr Anhydridgruppen vorhanden sind als auf PP-MSA, konnte man eine deutlich größere Intensität von Kollagen IV sehen. **(Pompe T. et al.2003)**

In batch-Proteinverdrängungsversuchen wurden die Copolymeroberflächen mit Proteinlösung (ohne Zellen) inkubiert, nach 1h mit PBS gespült und danach unter Einwirkung von BSA in Puffer vermessen. Bei den getemperten Oberflächen mit kovalenter Proteibindung sollte nur wenig Protein verdrängt werden. Es wurde jedoch festgestellt, dass auf den getemperten Oberflächen die Intensitäten fast um die Hälfte abnehmen, was somit im Gegensatz zur Theorie steht. Die erhaltenen Ergebnisse scheinen nicht sinnvoll zu sein.
Auf hydrolysierten Oberflächen sind die Proteine adsorptiv gebunden. Aus diesem Grund können sie durch BSA ausgetauscht werden.

Abschließend kann festgestellt werden, dass Adsorptions- und Austauschprozesse abhängig vom eingesetzten MSA-Copolymer sind. Die Menge an adsorbiertem, desorbiertem und ausgetauschtem Protein wird von den physikochemischen Eigenschaften der MSA-Copolymere bestimmt.

4.2 Prozess des Strukturwachstums des Kollagen IV

Um den Endothelzellen eine extrazelluläre Matrix zu bieten, an der die Zellen adhärieren können, wurde der Zellkulturträger mit einer Kollagenlösung beschichtet (Typ IV). Bei diesem Zellversuch soll die Bildung der Kollagenfibrillen in Abhängigkeit von der MSA-Copolymerschicht, die entweder hydrolysiert oder getempert ist, nach 1 Stunde beurteilt werden. Dabei soll ein Nachweis der verschiedenen Substrate durch die zelluläre Reorganisation der extrazellulären Matrix Kollagen IV verbracht werden.
Die Proben wurden unter dem Fluoreszenzmikroskop analysiert. Das mit dem Farbstoff TAMRA markierte Kollagen IV erscheint auf den Bildern rot, während die mit Alexa 488 gefärbten das Aktinzytoskelett mit den Stressfasern mit fokalen Adhäsionspunkte der Zelle grün dargestellt sind.

Für die Darstellung der Ergebnisse wurden exemplarisch einige cLSM-Aufnahmen ausgewählt. Wie in **Abbildung 15** deutlich zu erkennen ist, bilden die Zellen auf alle drei Oberflächen (so wie getemperte und hydrolysierte) Aktin-Stressfasern aus. Die Reorganisation des voradsorbierten Kollagens IV durch die Endothelzellen ist ebenfalls unabhängig von Aktinfasern.

Auf dem hydrolysierten OD-MSA sind mehr dicke Fasernkontakte als auf anderen Copolymeren zu erkennen. Das Octadecen- MSA ist sehr hydrophob. Durch diese Eigenschaft kann man das Copolymer eine starke Bindung mit dem Protein eingehen und die Endothelzellen können das Kollagen IV schlecht reorganisieren. Auf dem hydrolysierten OD-MSA ist Kollagen IV gleichmäßig zu erkennen. Deshalb benötigen die Zellen theoretisch wenige fokale Adhäsionspunkte, von denen starke Stressfasern mit einer hohen Zugkraft ausgehen.

Bei den beiden hydrolysierten, hydrophilen Oberflächen PP-MSA und PE-MSA sind nicht so stark Aktinfasern zu erkennen, da das Kollagen IV nur adsorptiv über schwächere zwischenmolekulare Kräfte am Polymer gebunden ist. Einen signifikanten Unterschied der Proteinstärke bzw.- dichte zwischen dem PP-MSA und dem PE-MSA ist jedoch nicht zu verzeichnen. Die Aktinfasern sind länger, aber Zellen bilden keine so starken Kontakte. Diese Zellen können das Protein leichter reorganisieren als auf dem OD-MSA. Bei den getemperten Oberflächen sind weder auf den hydrophoben noch auf den hydrophilen Polymeren Reorganisation des Kollagen's IV Strukturen zu erkennen. Daraus schließt sich eine kovalente Bindung des Kollagens IV an das Substrat durch die Anhydridgruppe des Polymers, so dass die Endothelzellen keine Möglichkeit der Reorganisation dieses Proteins haben. In der **Abbildung 15** werden die Ergebnisse dokumentiert.

Abschließend lässt sich sagen, dass auf hydrophoben Oberflächen OD-MSA konnte keine Reorganisation des Proteins beobachten werden, sondern nur auf hydrophilen PP-MSA und PE-MSA (bei hydrolysierten Proben)

OD-MSA getempert

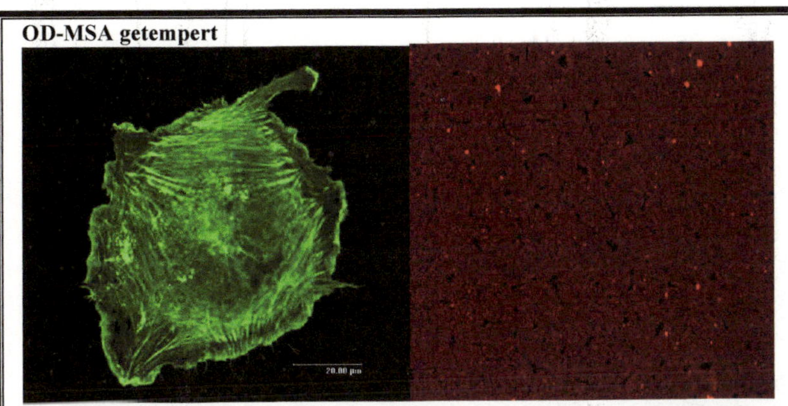

OD-MSA hydrolysiert

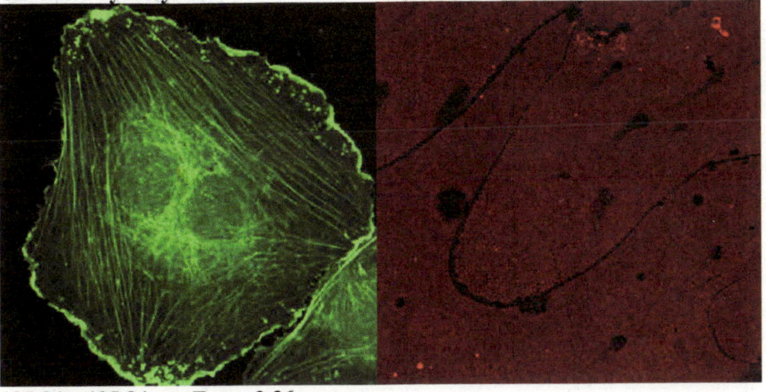

105.84 x 105.84 µm Zoom 2.36

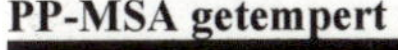

PP-MSA getempert

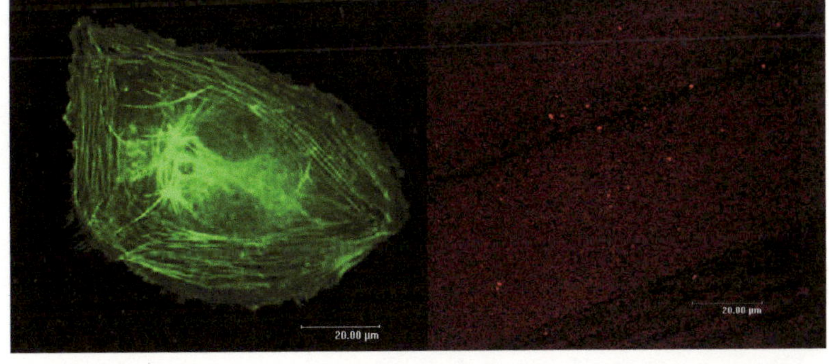

PP-MSA hydrolysiert

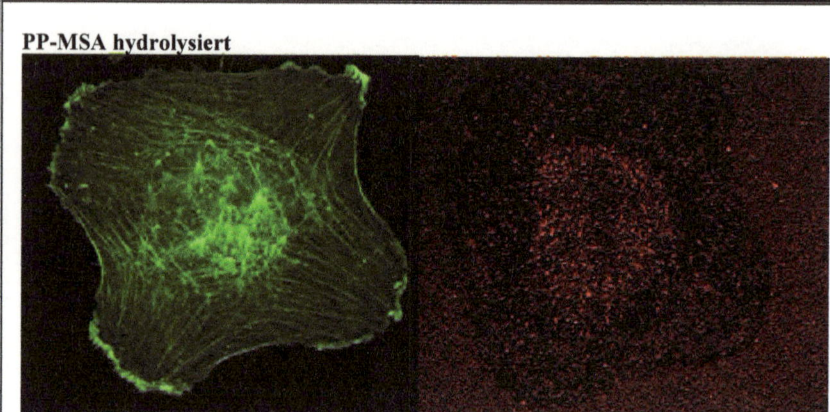

151.92 x 151.92 µm Zoom 1.65

PE-MSA getempert

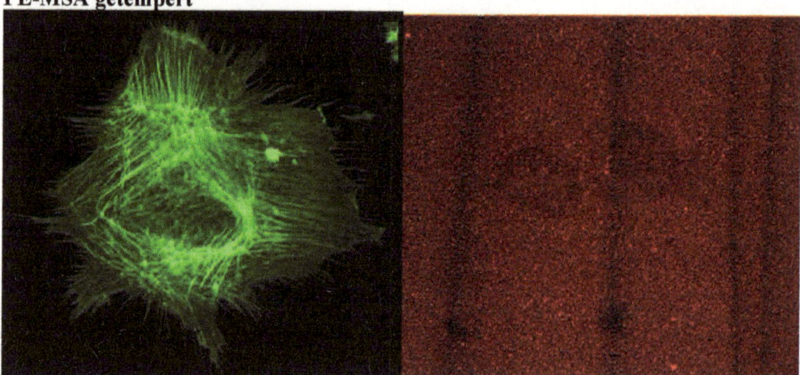

121.22 x 121.22 µm Zoom 2.06

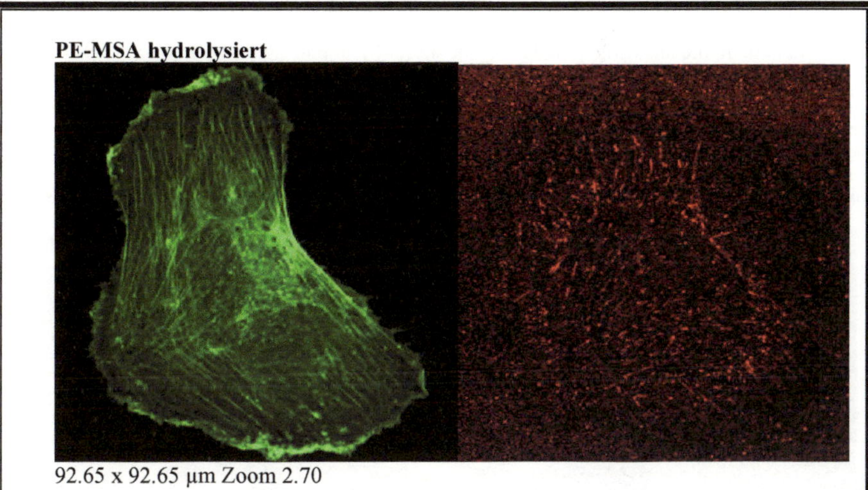

Abb. 15: Darstellung der Aktinfilamente (grün) und Kollagen IV (rot)

4.3 Lokalisierung fokaler Adhäsionskomplexe

VINCULIN

Bei der Analyse der Versuche unter Verwendung cLSM gefärbter Proteine-Vinculin, das mit dem Aktin des Zytoskeletts verbunden ist, kann man Unterschiede zwischen die drei Copolymeroberflächen beobachten.

Im folgenden Abschnitt wird der Einfluss der drei verwendeten MSA- funktionalisierten Oberflächen auf das Vinculinmuster quantitativ beurteilt. Auf alle drei Copolymer Oberflächen (so wie auch getemperte und hydrolysierte) wurde das Protein-Vinculin aufgebracht

Vinculin spielt eine wichtige Rolle bei den Fokalen Adhäsionen, die verschieden stark gebildet werden können. Beim hydrophoben Oberflächen OD-MSA kann man starke, dicke und kurze Kontakte beobachten. Diese FA sind fest gebunden, weil auf hydrophoben Proben das Protein stärker gebunden ist. Es gibt deutliche Bindungen zwischen Vinculin und den Aktin Filamenten, die am Anfang und am Ende dieser Filamente sind **(Abb.16)**.

Bei hydrophilien Versuchen (PP-MSA und PE-MSA) sind kleinere, dünnere, schwächer gebundene Vinculine zu sehen, die aber bei PE- MSA länger geformt sind.

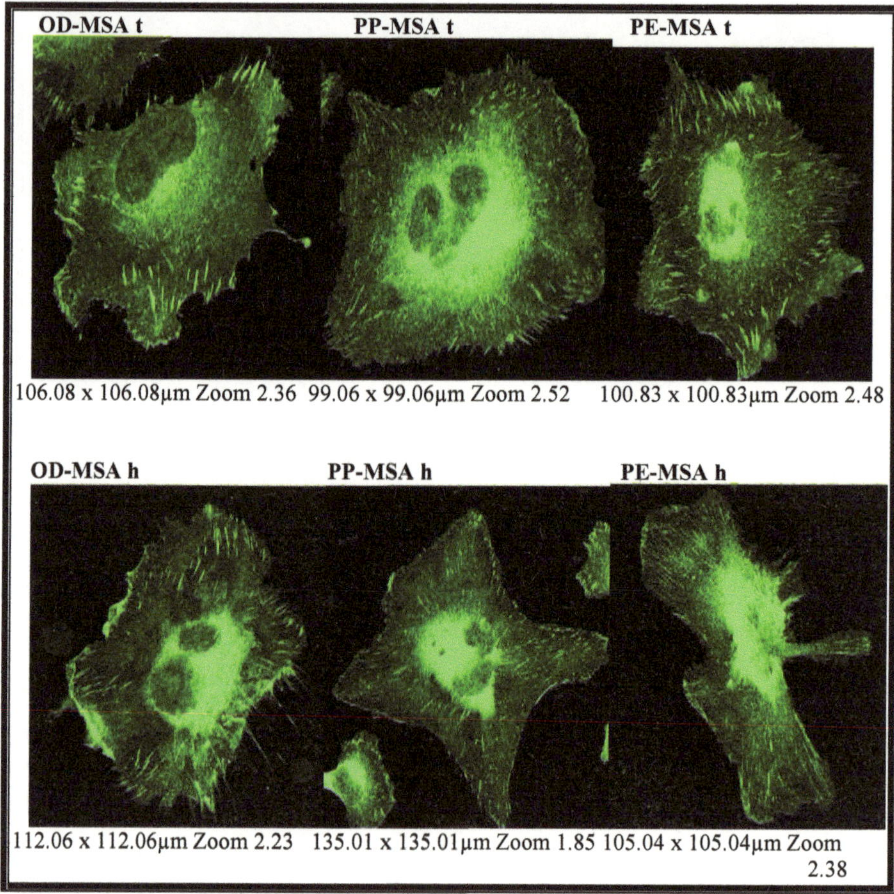

OD-MSA t **PP-MSA t** **PE-MSA t**

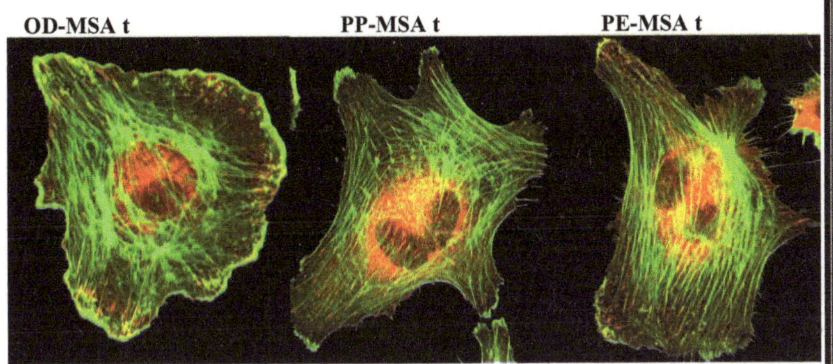

88.01 x 88.01µm Zoom 2.84 103.15 x 103.15µm Zoom 2.42 124.21 x 124.21 µm Zoom 2.01

OD-MSA h **PP-MSA h** **PE-MSA h**

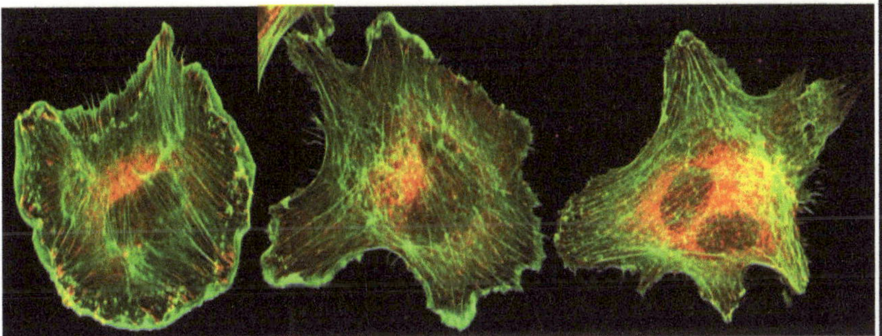

87.46 x 87.46µm Zoom 2.86 86.67 x 86.67µm Zoom 2.88 115.30 x 115.30µm Zoom 2.17

Abb.16: Assoziation Aktinfasern (grün) mit Vinculin (rot) , Kolokalisierung von beiden (gelb) t- getemperte Proben h- hydrolysierte Proben

4.4 Adhäsionsrezeptoren

FIBRONEKTIN

Zelladhäsion und Migration ist die Fähigkeit, mit dem Substrat zu interagieren und Kontakte auszubilden. Dabei bindet extrazelluläres Fibronektin an solche Adhäsionspunkte, in denen eine Vielzahl von signalgebenden Molekülen und Zytoskelettelement wie Vinculin angehäuft werden und die in Kontakt mit dem Ende einer Aktinstressfaser stehen. In vorliegenden Untersuchungen wurde die Lokalisierung dieser Adhäsionscluster zu den Fibronektinfibrillien beobachtet. Bei diesen Experimenten wurden ebenfalls auf alle drei Oberflächen Fibronektinwachstun beobachtet. FN wurde nachträglich mit einem fluoreszenzmarkierten Antikörper angefärbt. Aufgrund verschieden starker Hydrophobie der drei Copolymere bestehen Unterschiede in der Fibrilleinanordung.

Weniger fibrilläre Strukturen des Fibronektins entstehen, wenn stärker das Matrixprotein Coll IV angebunden ist.

Stärker adsorbiertes Fibronektin auf OD-MSA kann von den Zellen wesentlich langsamer reorganisiert werden als schwächer angebundenes Protein auf PP-MSA und PE-MSA.

Auch in dieser Experiment zu erkennen ist, dass die Reorganisation von FN nicht so deutlich erkennbar war wie zu erwarten verursachen. Es gibt nur teilweise Kolokalisierung von beiden (FN und Coll IV), diese war häufig nur im Zentrum (weiß) zu beobachten **(Abb.17)**.

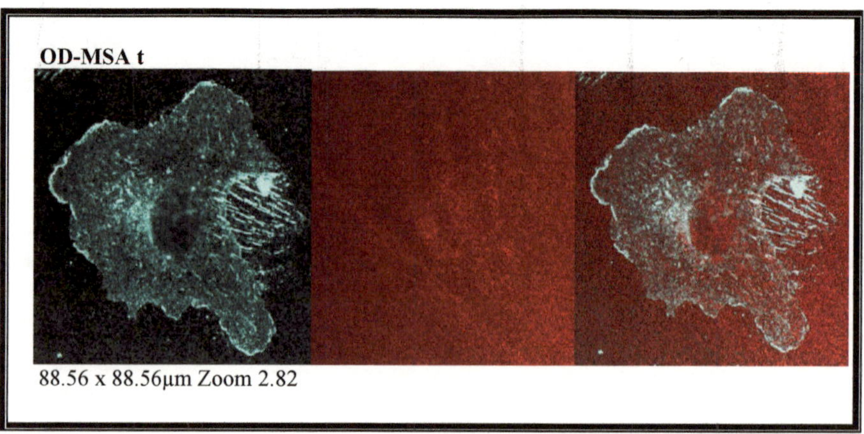

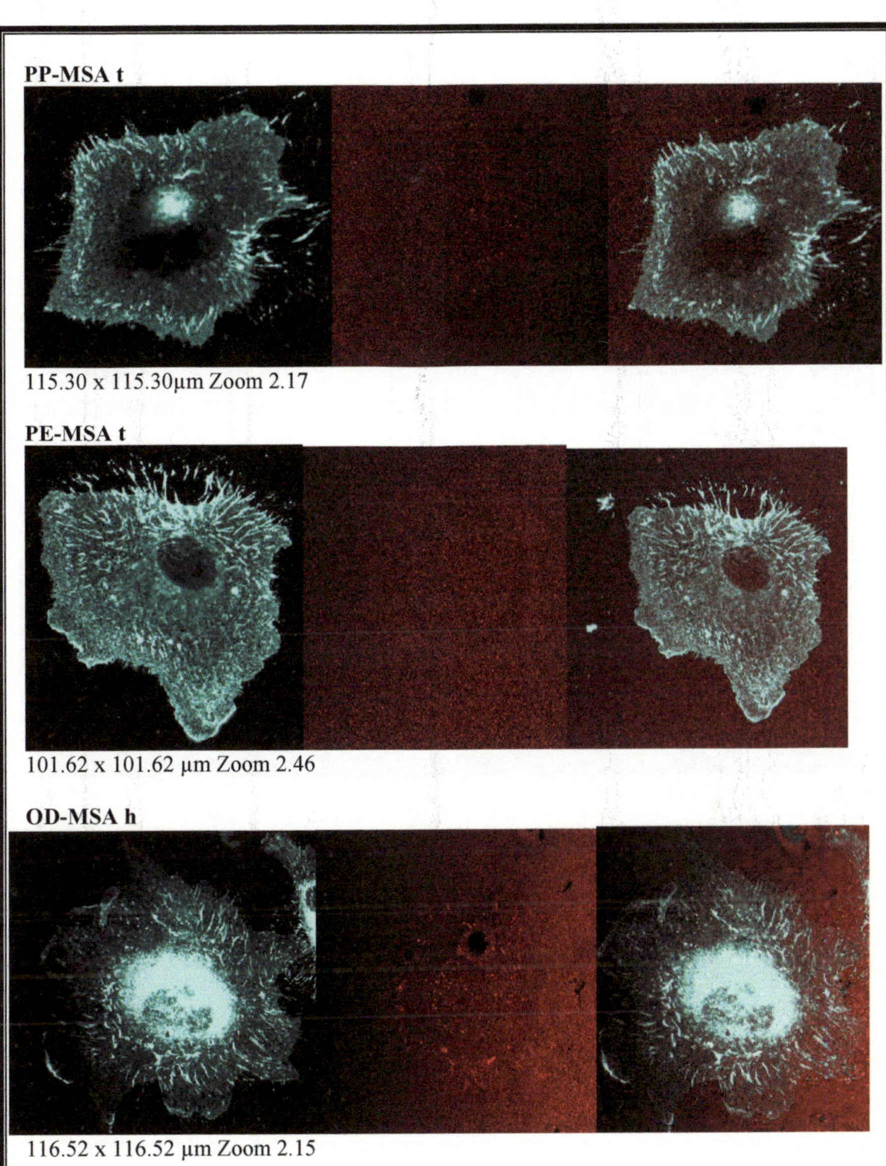
PP-MSA t
115.30 x 115.30µm Zoom 2.17
PE-MSA t
101.62 x 101.62 µm Zoom 2.46
OD-MSA h
116.52 x 116.52 µm Zoom 2.15

PP-MSA h

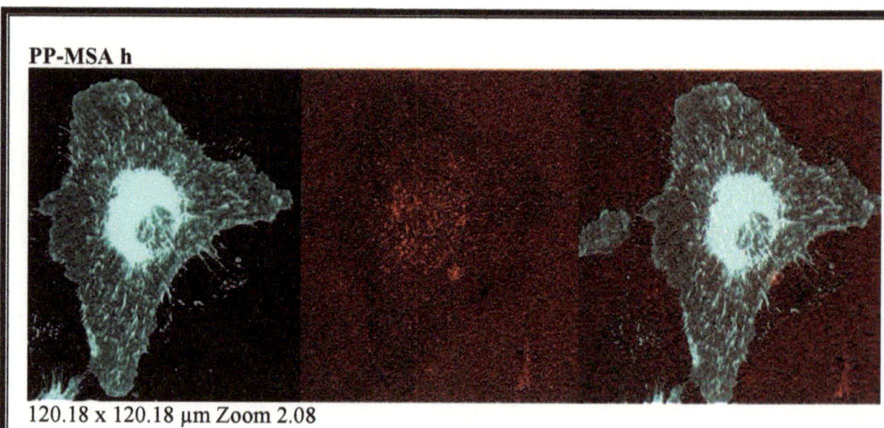

120.18 x 120.18 µm Zoom 2.08

PE-MSA h

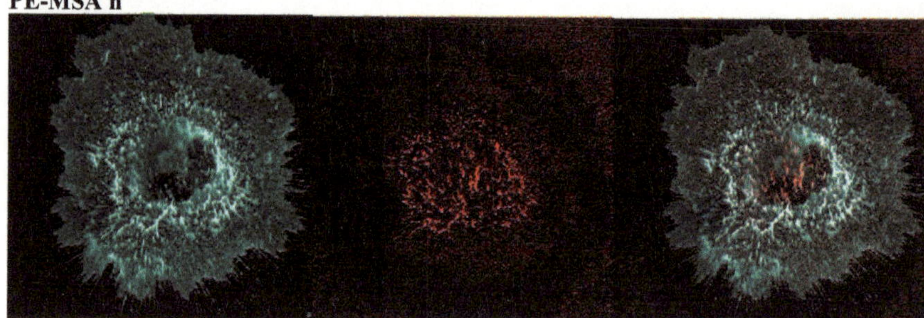

103.94 x 103.94 µm Zoom 2.41

Abb.17: Fibronektin (blau) Ausprägung im Vergleich zu den Kollagennetzwerken (rot) nach 1 Stunde Zellkultur

INTEGRINE

Um die Adhäsion auf den verschiedenen Oberflächen besser beurteilen zu können, wurden die Integrine nachgewiesen, die bei der Adhäsion von Endothelzellen eine Rolle spielen. Ausgewählt wurden die Integrinketten α5 (CD 49e), αV (CD 51), α2 und β1 (CD 29)

Dazu werden die extrazellulären Matrixproteine und die mit ihnen Kontakt befindlich Integrine, wie im Kapitell beschrieben, fixiert und angefärbt.

INTEGRIN ALPHA 2

Im diesen Abschnitt wird der Einfluss der drei verwendeten MSA-funktionalisierten Oberflächen auf das Integrinwachstum (α2) quantitativ beurteilt. Integrine α2 bindet sich mit sehr große Affinität an Kollagen IV.

Nach der Färbung den Zellen mit dem sekundäre Antikörper- Cy5 , konnte man fast keine Strukturen von dem Integrin beachten. Die Zellen wurden mit homogen verbreiteten Proteinen beobachtet, die keine Reorganisation oder Adhäsionen erkennen ließen. Bei der Färbung mit AlexaFluor488 wurden andere Resultate mit dem gleichen Integrin gefunden. Es wurde beobachtet, dass die Zellen auf den hydrolysierten Oberflächen (PP-MSA und PE-MSA) weniger Kolokalisierung zeigen **(Abb.18)**. Bei allen drei Copolymer Oberflächen (getempert und hydrolisiert) konnten Integrine wie kleine Punkte, die von Kern ausgehen, beobachtet werden.

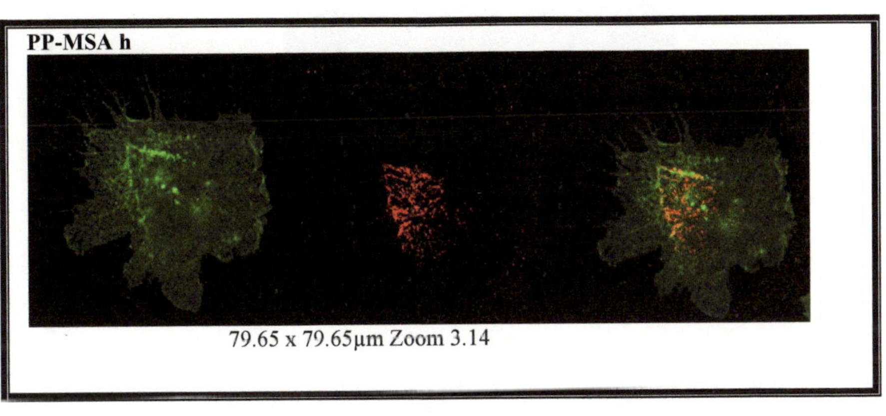

79.65 x 79.65µm Zoom 3.14

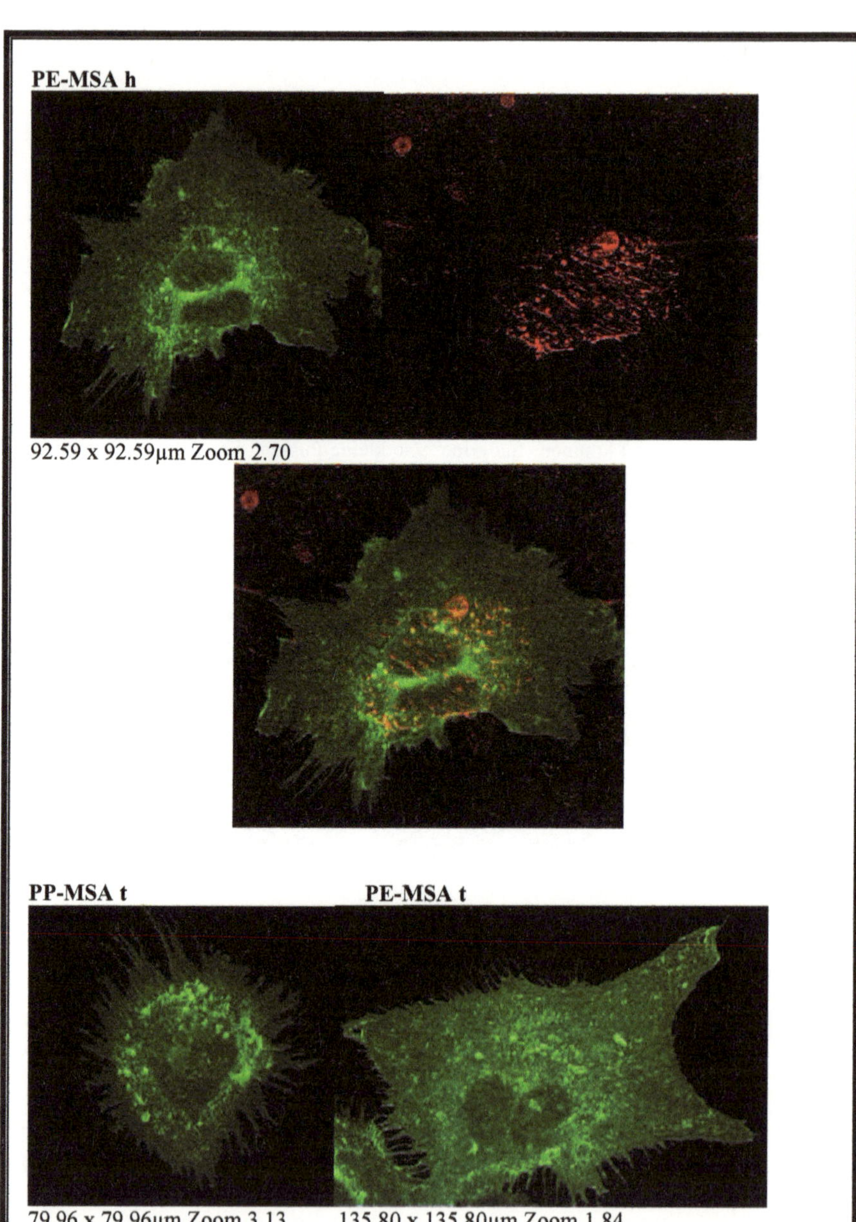
PE-MSA h
92.59 x 92.59µm Zoom 2.70
PP-MSA t
PE-MSA t
79.96 x 79.96µm Zoom 3.13
135.80 x 135.80µm Zoom 1.84

OD-MSA h

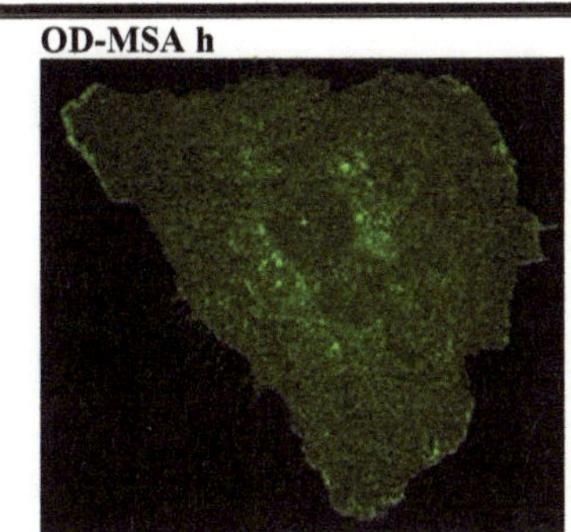

96.68 98.68 µm Zoom 2.59

Abb.18: Darstellung des Integrins α2 (grün) auf Kollagen IV (rot) Oberfläche Kolokalisierung von beiden (gelb)

INTEGRIN ALPHA 5

Da die Zellen Fibronektin sezernieren und dieses teilweise mit dem reorganisierten Kollagen IV zusammenlagert, sollte auch das Fibronektin bindende α5 Integrin untersucht werden. Deswegen wurde hier dieses Protein gewählt um auf drei verwendeten Copolymerbesichten seine Lokalisierung nachzuprüfen.

Auf alle Oberflächen (getempert und hydrolysiert) wurden Integrinstrukturen aufgebaut, die manchmal als Punkte oder längere ‚Würmer' sichtbar waren **(Abb.19)**.

PP-MSA h

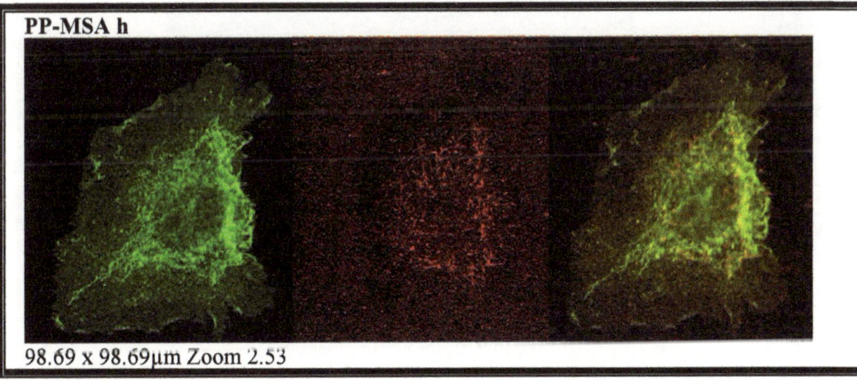

98.69 x 98.69µm Zoom 2.53

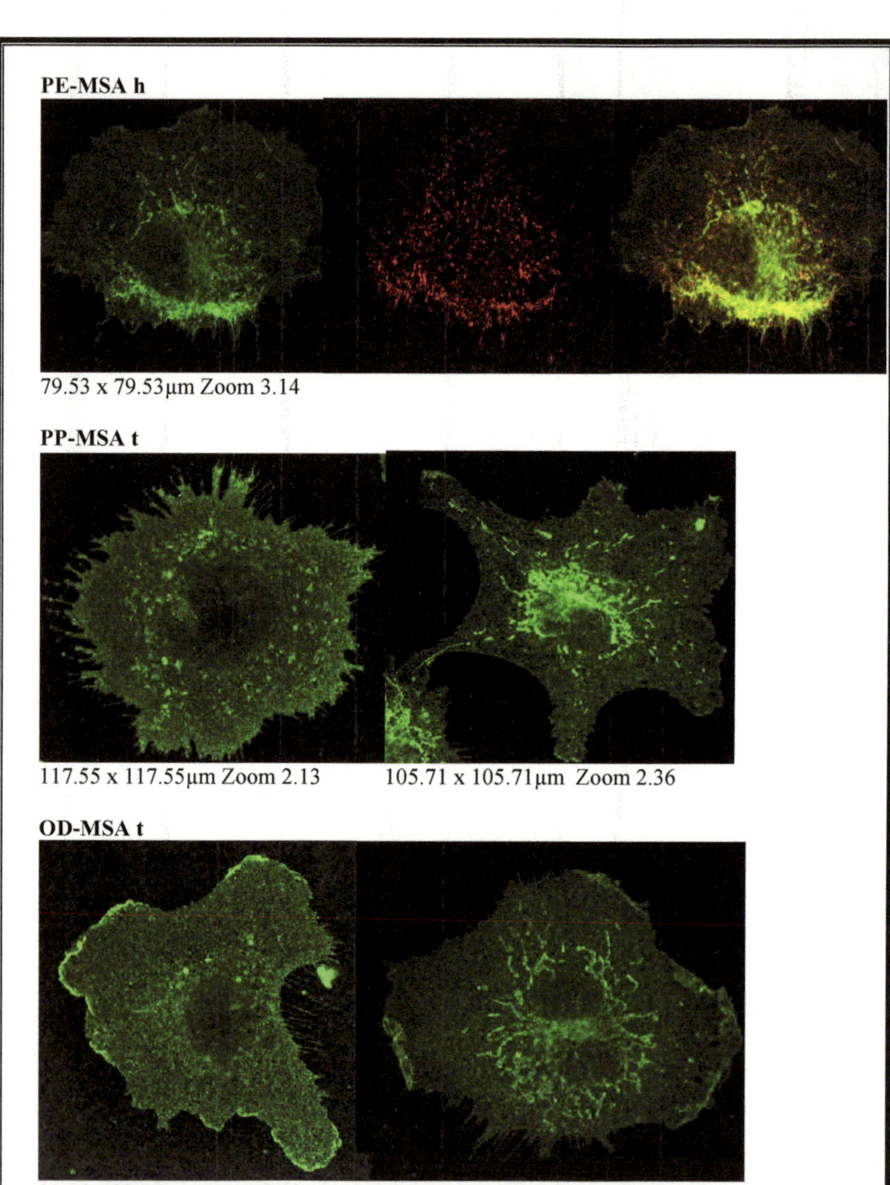
PE-MSA h
79.53 x 79.53µm Zoom 3.14
PP-MSA t
117.55 x 117.55µm Zoom 2.13
105.71 x 105.71µm Zoom 2.36
OD-MSA t
88.56 x 88.56 µm Zoom 2.82
103.82 x 103.82µm Zoom 2.41

OD-MSA h

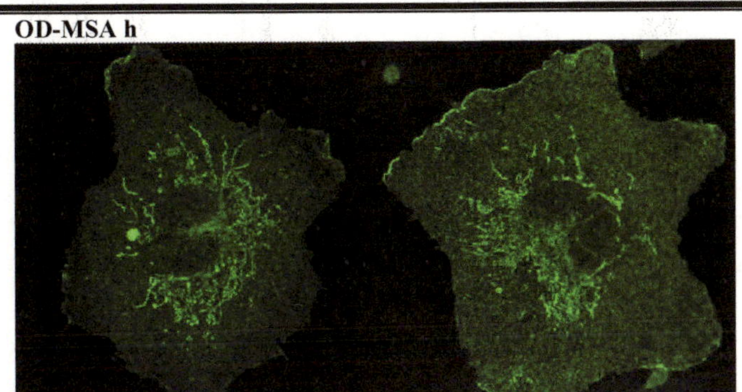

96.68 x 96.68µm Zoom 2.59 121.34 x 121.34µm Zoom 2.06

PE-MSA t

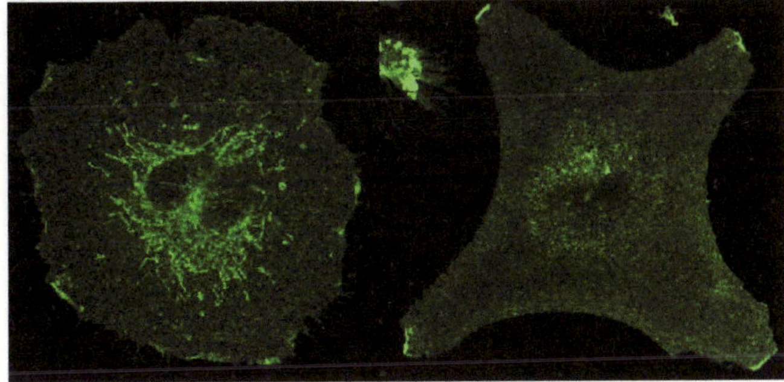

96.37 x 96.37µm Zoom 2.59 94.06 x 94.06µm Zoom 2.66

Abb.19: Ausprägung von Integrin α5 (grün) und der Kollagen IV Netzwerk (rot) Kolokalisierung von beiden (gelb) nur auf hydrolysierte PP-MSA und PE-MSA Oberflächen

INTEGRIN BETA 1

Es gibt eine Bindung des Kollagens IV an ß1 Integrin. In diesem Versuche wurden Strukturen gebaut, bei denen sich in der Mitte der Zelle eine höhere Konzentration des Proteins-Integrin gesammelt hatte **(Abb.20)**.

In diesem Fall wurde wieder auf zwei hydrolysierten (PP-MSA und PE-MSA) Oberflächen Kolokalisierung von beiden Proteinen beobachtet. Das Integrin ß1 und Integrin α2 ähneln sich in ihren punktförmigen Strukturen mehr, als Integrin α5, obwohl die beiden Integrine mit α-Unterheiten β1 enthalten.

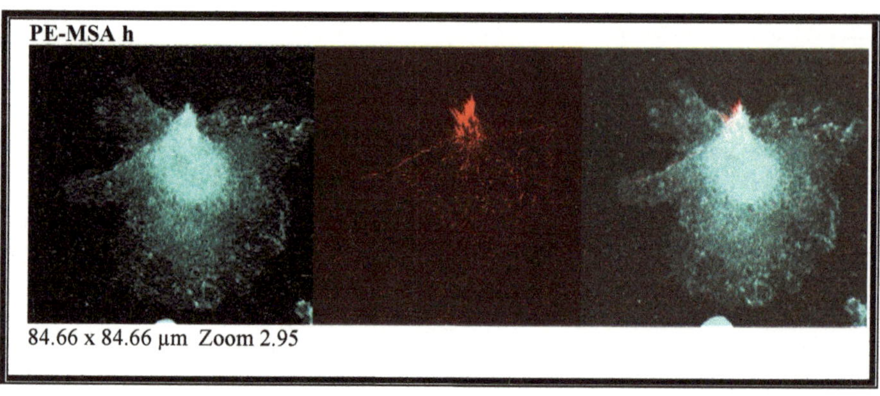

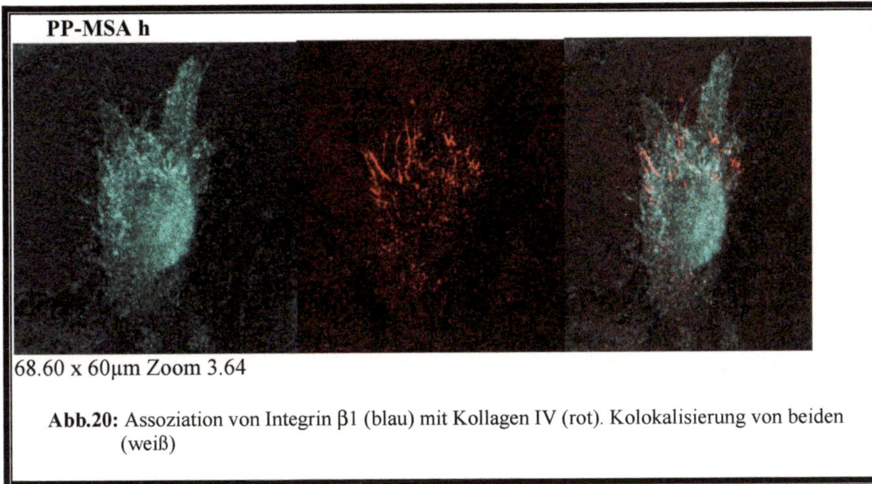

68.60 x 60µm Zoom 3.64

Abb.20: Assoziation von Integrin β1 (blau) mit Kollagen IV (rot). Kolokalisierung von beiden (weiß)

INTEGRIN ALPHA V

Bei runden Zellen sind kleine Punkte des Integrins αV regelmäßig am Rand des Kerns lokalisiert. Bei migrierenden Zellen sammeln sich die Integrine an der Seite der Zelle, die in der entgegengesetzten Richtung ist, in der die Zelle wandert. **(Abb.21)**

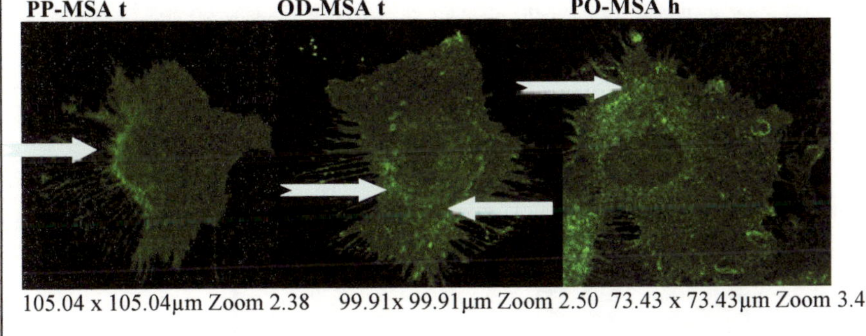

105.04 x 105.04µm Zoom 2.38 99.91x 99.91µm Zoom 2.50 73.43 x 73.43µm Zoom 3.40

Abb.21: Sammlung des αV Integrins (grün) in Richtung der Zellwanderung und Anweisung durch die Pfeile.

Teilweise Kolokalisierung könnte Fakt der Zellmigration erklären.

Der Anfang der Zelle ist die Seite von Aktinpolymerisatzion: lösliche Aktinmonomere polymiersieren um Filamente zu formen. Die Formation dieser Aktinfilamente, die die Anfangskante vorwärts zieht, ist die ein freibewegliche Hauptkraft, die die Zelle steigt vorwärts schiebt. Für die Zellbewegung ist es notwendig, dass frische ‚Fußlieferung '-Moleküle, die als Integrine bezeichnet werden, die Zelle an Oberfläche binden auf der sie kriecht **(Abb. 22)**.

Wenn die Zelle eine Bewegung initiiert, werden Integrine an einer Stelle aktiviert und an einer anderen deaktiviert. Integrine greifen von der Zelle aus nach der ECM und ziehen sie vorwärts. In der gleichen Zeit müssen die Integrine hinter der Zelle freigeben. Die Zelle bewegt sich durch ein Kräuseln ihre Membrane, welches durch viele Aktine und Integrine kontrolliert wird.

Diese Fähigkeit kann man bei Integrin αV beobachten, das sich an einer Seite der Zelle sammelt, entgegengesetzt zu der Wanderrichtung der Zelle. Man kann vermuten, dass man keine signifikante Reorganisation des Proteins durch Integrine beobachten kann, da sich aufgrund der Zellmigration, die Position den Integrine ändert.

Im Rahmen dieser Arbeit konnte eine deutliche Kolokalisation in der Mitte der Zelle von Fibronektin und Kollagen festgestellt werden. In weiterführenden Arbeiten könnte die Reorganisation von Kollagen durch Fibronektin untersucht werden.

Vorherige Experimente zeigen **(Pompe T., 2005)**, dass an Integrin α5 gebundes Fibronektin an Kollagen IV bindet. Die Ergebnisse der Experimente mit Integrin α5 und Fibronektin korrelieren mit diesen Beobachtungen. In diesen Versuchen konnte gezeigt werden, dass die Proteine ähnliche Formen in der Mitte der Zelle bilden. **(Abb.22)**

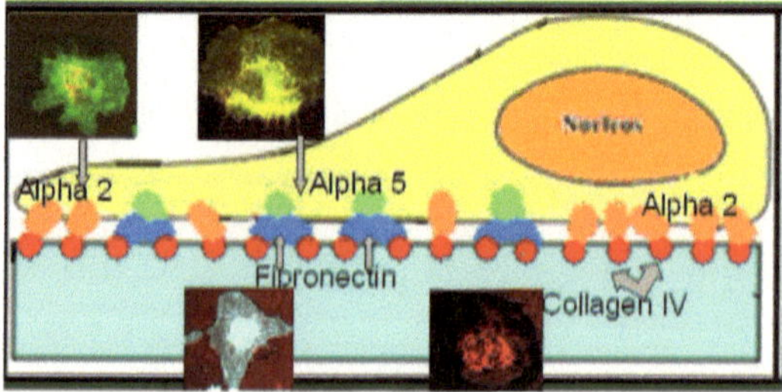

Abb.22: Schema der EC auf MSA-Copolymer und Interaktionen zwischen Integrine α5, Fibronektin und Coll 4. Sowie zwischen Integrin α2 und Coll

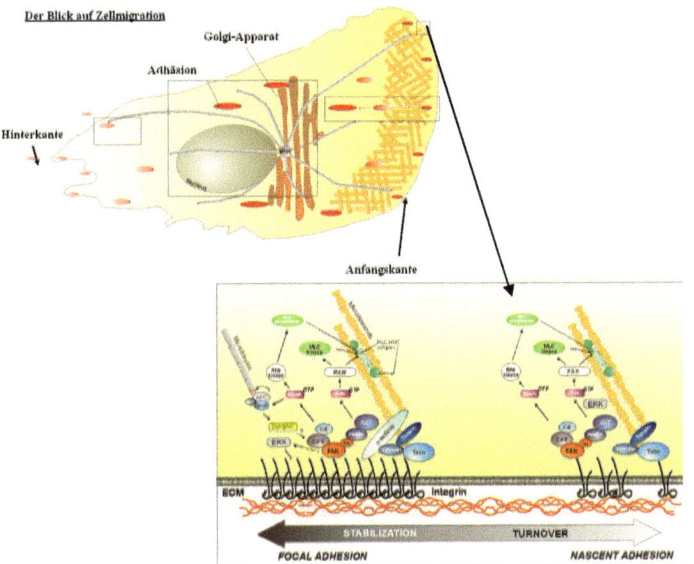

Abb.23: Schematische Darstellung der Zellmigration **(Journal of Cell Science 2005)**

5. ZUSAMMENFASSUNG

Ziel dieser Arbeit war es, durch Variation der Ankopplung von Molekülen der extrazellulären Matrix, wie z.B. Kollagen IV an die MSA-Copolymere den Einfluss auf das Adhäsionsverhalten der Endothelzellen aufzuklären. So konnte in der vorliegenden Arbeit gezeigt werden, dass die Substrateigenschaften der Zellkulturträger das Verhalten der Zellen beeinflussen und damit auch die Adhäsion der Endothelzellen regulieren. In der Arbeit wurde untersucht, wie sich die Morphologie von Einzelzellen sowie die entsprechenden intrazellulären und extrazellulären Adhäsionsstrukturen der Zellen entwickeln. Bedingt wird dieses unterschiedliche Verhalten durch die verschiedenen Bindungsaffinitäten von Kollagen IV zu den unterschiedlichen MSA-Copolymeren. Die Anbindungsstärke des Kollagens IV an die Polymeroberflächen beeinflusst entscheidend die Reorganisation des Proteins durch die Zellen.

In dieser Arbeit wurde festgestellt, dass im getemperten Zustand der Oberfläche das Protein kovalent angebunden wird und somit keine Reorganisation durch die Zellen erfolgen kann. Liegt die Oberfläche im hydrolysierten Zustand (nur bei PP-MSA und PE-MSA) vor, wird das Protein nur adsorptiv gebunden. Hier wurde nun gefunden, dass die Zellen das Kollagen IV reorganisieren können. Bei OD-MSA Oberflächen wurde kaum Reorganisation beobachtet, da die Polymer sehr hydrophob sind, und damit gute Proteinbindungseigenschaften besitzen. Es konnte nicht genau festgestellt werden, welche Rezeptoren die Fähigkeit zur Reorganisation verursachen. Es gibt teilweise Kolokalisierung durch Fibronektin (besonders in der Mitte der Zelle), Integrine (auch in der Mitte oder vermutlich entgegengesetzt der Richtung, in die die Zelle migriert). Die Reorganisation des Kollagens IV erfolgt deutlich nicht entlang der Aktinfasern.

Bei allen Oberflächen (getempert und hydrolysiert) kann man gut das Aktinzytoskelett beobachten, wobei auch eine Kolokalisierung mit Vinculin (am Anfang und am Ende) der Stressfasern auftreten.

Das Zellverhalten auf Biomaterialien mit MSA-Copolymeren wurde geprüft, die als körperfremde Polymerwerkstoffe eingesetzt werden können. Die Ergebnisse am Mikroskop wurden erfolgreich fluoreszente Proteine auf diesen Modelloberflächen sichtbar gemacht, wie das Aktinzytoskelett, Vinculin, Integrine und Fibronektin.

Die Arbeit hat gezeigt, wie sich Endothelzellen durch die Regulierung der Adhäsion auf künstlichen Oberflächen verhalten, die Ankopplung des Kollagens IV an das Substrat und die Regulation der Adhäsion der Endothelzellen. Die Umordnung des Kollagens IV konnte deutlich nachgewiesen werden. Die Bildergebnisse weisen darauf hin, dass Fibronektin aber auch Integrine (speziell α5 und β1) die Reorganisation des Proteins verursacht

Die batch-Versuche haben keine sinnsvollen Werte gezeigt, im Unterschied zu den Zellkulturversuchen, bei welchen die Ergebnisse den Werten aus der Literatur entsprechen . Ausgehend von der früheren Arbeiten **(Renner L., 2003)** ist es notwendig in der Zukunft die Ergebnisse zu verbessern.

In weiterführenden Versuchen sollte dieser Sachverhalt näher untersucht werden. Somit könnte eine Aussage über das Zusammenspiel von Kollagen IV-Reorganisation durch Fibronektin, Integrine getroffen werden. In weiteren Experimenten könnten auch andere Färbungen mit Integrine β1 durchgeführt werden, weil mit dem benutzten Farbstoff Cy5 die Integrine schlecht sichtbar waren.

Abbildungsverzeichnis

Seite

Tabellenverzeichnis

Literaturverzeichniss

Alberts B., Johnson A., Lewis J., Raff M., Roberts K., Watson J., Walter P. : 'Molecular Biology of Cell' (2003)

Blumberg B., Fessler L.I., Kurkinen M., Fessler J.H.: ‚Biosynthesis and Supramolecular Assembly of Procollagen IV in Neonatal Lung'

Brash J., Samak Q.: ‚Dynamics of Interactions between Human Albumin and Polyethylene' (1978)

DeMali K., Wennerberg K., Burridge K.: ‚Integrin signalling to the actin cytoskeleton' (2003)

Flyvbjerg H., Jülicher F., Ormos P., DavidF. : ‚Physics of bio-molecules and cells' (2001)

Geiger B., Bershadsky A.:'Exploring the Neighborhood: Adhesion-Coupled Cell Mechanosensors' (2002)

Geiger B., Bershadsky A., Pankov R., Yamada K.: ‚Transmembrane Extracellular Matrix – Cytoskeleton Crosstalk' (2001)

Juliano R.L.: 'Signal Transduction by Cell Adhesion Receptors and the Cytoskeleton: Functions of Integrins, Cadherins, Selectins, and Immuniglobulin-Superfamily Members' (2002)

Katz B., Zamir E., Bershadsky A., Kam Z., Yamada K., Geiger B., : ‚Physical State of the Extracellular Matrix Regulates the Structure and Molecular Composition of Cell-Matrix Adhesions' (2000)

Kawakami K., Tatsumi H., Sokabe M.: 'Dynamics of Integrins Clustering at Focal Contacts of Endothelial Cells Studied by Multimode Imaging Microscopy' (2001)

Khoskhnoodl J., Sigmudsson K., Cartaller J.P., Bondar O., Sundaramoorthy M., Hudson B.,: 'Mechanism of Chain Selection in the Assembly of Collagen IV ' (2005)

Kleinig H., Maier U., : 'Zellbiologie' (1999)

Koster J.: http://www.geocities.com/CapeCanaveral/9629/ (1997)

Langeveld J., Noelken M., Hard K., Todd P., Vliegenhart J., Rouse J., Hudson B., : 'Bobine Glomerular Basement Membrane' (1990)

Laukaitis C., Webb D., Donais K., Horwitz A.,: 'Differential dynamics of α5 Integrin, Paxillin, and α-Actinin during formation and disassembly of adhesions in migrating cells' (2001)

Leitinger B., Hohenester E.:'Mammalian collagen receptors' (2006)

Markowski M.: "Vaskularisierungsverhalten von Endothelzellen auf biofunktionalisierten Polymeroberflächen". Diplomarbeit, Technische Universität Dresden, 2003.

Minuth W.W.: Von der Zellkultur zum Tissue engineering Pabst science publishers, 2002

Pompe T., Keller K., Mitdank K.: ,Fibronectin fibril pattern displays the force balance of cell-matrix adhesion' (2005)

Pompe T., Kobe F., Salchert K., Jergensen B., Oswald J., Werner C.: ,Fibronectin anchorage to polymer substrates controls the initial phase of endothelial cell adhesion' (2003)

Pompe T., Zschoche S., Herold N., Salchert K., Gouzy M., Sperling C., Werner C.: ,Maleic Anhydride Copolymers- A Versatile Platform for Molecular Biosurface Engineering ' (2003)

Renner L. : „Kompetetive Proteinadsorption an Polymersubstraten" Technische Universität Dresden, Diplomarbeit, 2003.

Schmidt C., Horwitz A., Lauffenburger D., Sheetz M.:'Integrin-Cytoskeletal Interactions in Migrating Fibroblasts are Dynamic, Asymmetric, and Regulated' (1993)

Stamow D.:'Molecular Architecture of Basement Membranes' (2007)

Stryer L., Berg J.M., Tymoczko J.: 'Biochemistry' (2003)

Timpl R., Brown J.: ‚Supramolecular assembly of basement membranes' (1996)

Vicente-Manzanares M., Webb D., Horwitz A.: ‚Journal of Cell Science'

Zamir E., Geiger B.: 'Molecular complexity and dynamics of cell-matrix adhesions'

Yamada K.M., Pankov R., Cukierman E.:'Dimensions and dynamics in integrin function' (2003)